one-piece

one-piece

斉藤謠子の 簡約私著手作服&毎日布包

YOKO SAITO Casual Wear & Bags

前言

　　大家好，我是斉藤謠子。您或許會疑惑，身為拼布作家的我為什麼會出版服裝和袋物的書籍？但實際上我本來就曾學習過洋裁，也替丈夫製作過附內裡外套，在學期間更學過和裁。製作裁縫的過程雖然很愉快，但是由於需要足夠的操作空間，再加上有許多需要接縫的部分，考量到這些，難免讓人有些施展不開來，因此才逐漸將心思轉移到就算空間不足，也能慢慢縫製的拼布世界，這樣的日子，也已經有很長一段的時間了！在這期間不僅是拼布，我也製作過袋物、自己要穿的衣服、編織籃子、縫製平針地毯……完成了很多我有興趣的手作。

　　某天穿著自己作的衣服到教室去時，被學生熱情要求教學，其實我也曾猶豫教導這樣簡單的衣服好嗎？但很感謝的是，竟頗獲好評，之後就陸續發展了多款設計。由於製作裁縫總會有大片的餘布，拿來作成袋物，便能與衣服搭配，若仍有剩下的布片，還能拿來製作拼布。無論如何我非常喜歡也擁有許多袋物，在街上看到漂亮的款式，便馬上參考試作，因此讓作品越來越多。而自己製作時，更是注重布料質感與花樣的感覺，盡可能製作出好用的袋物。

　　拼布是享受慢慢縫製的過程，而衣服和袋物則是馬上作，隔天就能穿的手作。如果發現喜歡的款式，便著手以不同的布料作出許多個同款作品，再來就能試著搭配花樣、添加口袋或是增加寬度，只要盡情發揮創意，就能讓袋物變得更實用！

　　希望各位能愉快的製作，將技法多多的活用在不同地方。

斉藤謠子

目錄

no.1

拼接罩衫 switch

no.2　no.3　no.4

下襬處的拼接收斂了視覺寬度，試著作出氣球一般的空氣感（no.1・no.2・P.14–no.12）。
右側的黃色款（no.3）與藍色款（no.4）是沒有製作拼接的樣式，直接延伸作為長版背心，
可以單穿、內搭T恤，或披上小外套搭配。

no.1・no.2・no.12 作法 ▶ P.40　no.3・no.4 作法 ▶ P.49

no.5

A 字罩衫　spread

no.6

於A字罩衫的下襬製作開衩就能作出輕盈感（no.5），開衩的深度可依喜好調整，能夠前、後身反著穿，
也能當作一字領款來穿。右邊的藍色款則是將長度稍微改短了一些（no.6）P.14的no.13則使用了羊毛材質製作。

no.5・no.6 作法 ▶ P.50　no.13 作法 ▶ P.51

no.7

小洋裝　one-piece

於腰線處稍微往上抓褶是這款小洋裝的亮點（no.7）。版型雖然寬鬆，不過以相同布料製作的綁繩讓整體看來俐落許多。
如果捨棄綁繩，改以絹質緞帶或將綁繩穿入口加寬，以寬版緞帶作為參加喜宴的服裝也很不錯呢！

no.7 作法 ▶ P.52

背心 vest

no.8

長度能夠遮住腹部周圍的背心，對我來說是不可缺少的配件。
無論怎樣的服裝搭配，就算是休閒服也能加深給人的印象（no.8），
如果換成其他素材，或加上口袋也很不錯。P.14的no.14就是作成長版的背心。

no.8・no.14 作法 ► P.54

褲子 pants

no.9

雖然大家往往認為「褲子用買的就好」，但動手作作看，其實非常簡單。實際製作過一條褲子後，就能修改成自己喜愛的寬度，且自由變換長度。
上衣像是罩衫般有份量時，下半身建議搭配稍微窄版的褲子，露出些許腳踝看起來就會顯得較為俐落。
高腰&鬆緊帶的設計也很令人感到安心，舒適（no.9）。請試看看類似P.14的no.15花布款。

no.9・no.15 作法 ▶ P.58

七分袖罩衫 three-quarter sleeves

no.10

拉鍊與鈕釦製作上有點麻煩，那就直接縫上，變成套上去就能穿的罩衫吧！
雖然為了不妨礙日常作業，我總是將袖子作成七分長，當然也可以作成長袖，如果作成短袖，於袖口處加上鬆緊帶應該也很可愛吧！（no.10）

no.10 作法 ► P.56

寬版褲 wide pants

no.11

使用了穿起來舒適、有彈性的細條紋麻布質料（no.11），上半身搭配罩衫也很不錯。選用不同的材質，也會給人完全不同的感覺，
若使用Gabardine布縫製，就能作為外出服了呢！

no.11 作法 ► P.59

"平時我是
這樣穿的！"

no.12　　no.13

～斉藤謠子の穿搭技巧～

no.14　　no.15

no.12

P.4的拼接罩衫搭配稍微寬版的褲子，以茶色系統一全身搭配，項鍊則挑選了擁有很多條的銀色系中的一條。

作法 ▶ P.40

no.13

P.6的A字罩衫以羊毛質料縫製，冬天也很暖和，相當方便呢！

作法 ▶ P.51

no.14

將P.10的背心長度改成了長版，於羊毛布料上製作刺繡花樣，就算是樸素的羊毛也能變得時尚。能修飾腹部與臀部的長度讓人安心不少，還能別上最喜歡的小鳥胸針裝飾。

作法 ▶ P.54

no.15

P.11的褲子款式以拼布花樣呈現，雖然是誇張的印花圖案，但與單色上衣搭配時，有花樣的褲子反而看來更明亮。由於本身體質怕熱，所以大多選擇露出腳踝的長度，而且這樣整體看起來也更顯俐落。

作法 ▶ P.58

洋裁包邊縫合

這次的衣服使用了許多的包邊縫合。製作包邊縫合能藏住布邊，線頭不會鬆脫，清洗上也較安心。只要直線縫就能完成漂亮的內側，沒有拷克機或是縫紉機不具備拷克功能也沒有關係。若是，直接以拷克機處理也很方便，但需配合布料厚度與材質來使用喔！P.4拼接罩衫的拼接處，為了想製造挺度，所以以包邊縫縫合，若想以拷克機處理也可以。

提把

以前喜歡的提把是手拿提包的款式，所以自己縫製的幾乎都是此類型的包包，但在教室教學時，幾乎所有學生都延長提把長度，改為肩背款。那時我就在想，明明短提把也很好看呀！但最近也開始覺得肩背包很方便！提著時感到的重量，肩背時輕鬆多了！以背帶用布料來作柔軟的肩背包，背帶寬度夠寬，背起來也舒服，依自己使用方便的寬度製作，大家也試著調整成適合自己的尺寸吧！

修改衣服長度

修改下襬的寬度（縫份），若是較寬就能作出挺度，表現出寬闊感。相反的，縫份寬度作小一些，就能產生輕盈感。想要表現出柔軟的垂墜風，或完成流順的成品時，以手縫就能製作出柔順的成品，因此請依素材與希望呈現的印象來選擇吧！

袋物的布襯

製作袋物時，首先須考慮到的是，這個包包是想給人硬挺或柔軟的印象。想製作堅挺的袋物，或需要確實抓出側身時，建議使用厚布襯。小型袋物的布襯，則不用這麼硬挺也沒有關係，例如製作環保袋，就不須熨燙布襯……，可先思考用途再來挑選適合的布襯。袋物使用的布襯不是裁縫專用，而是手工藝用的不織布單面布襯，還可細分成薄、中、厚三款不同的厚度，使用時不貼於表布，而是貼於裡布，這樣就能完成漂亮的成品了！

洋裁滾邊條

滾邊條可以選用市售的成品，也能自己製作。選用有厚度布料時，市售的滾邊條能夠處理得較薄、收邊較乾淨俐落。另外縫製滾邊條時，要注意不要過度拉扯，接縫領圍時，如果將起始處固定於肩線後側，則前面就看不見接合點，可以完美呈現。

袋物內裡顏色

年輕時好像感覺不明顯，但是最近只要裡布是深色的包包，就會讓我看不見內容物，一直撈找著。也因為這樣，自己製作的裡袋，盡可能都會選用明亮的顏色，也較容易看見內容物吧！

方形包　square

我喜歡選擇適當尺寸的袋物收納錢包與化妝包，
若尺寸過大，包包內的物品不易翻找，適當的尺寸比較方便使用。
至於背帶的長度，我自己喜歡的是短背帶，當然也可依喜好作成長背帶。

作法 ▶ P.44

可以斜背，騎腳踏車時背它應該會很帥氣。

內袋有許多口袋，雖然為了清爽只在內裡加上口袋，
但若想在外側加裝口袋，應該也會不錯。

拉鍊頭上繫的布條顏色是一大亮點喔！

棉花糖包　marshmallow

內側也有口袋嘞！

圓滾滾的可愛形狀，如果作成小包包，
一定很適合旅途中在飯店吃早餐時使用。

因為布料的圓形圖樣很可愛，便決定將它作成圓形手提包，還能像環保袋一般收納，東西稍微增加時再拿出來使用。

作法 ▶ P.71

建築包 building

有個能收納書本的大口袋。
由於能從外面看到，因此內裡搭配了黑色布料，若想改以明亮色彩來製作應該也很不錯。

側身的口袋也選用了建築物的花樣。

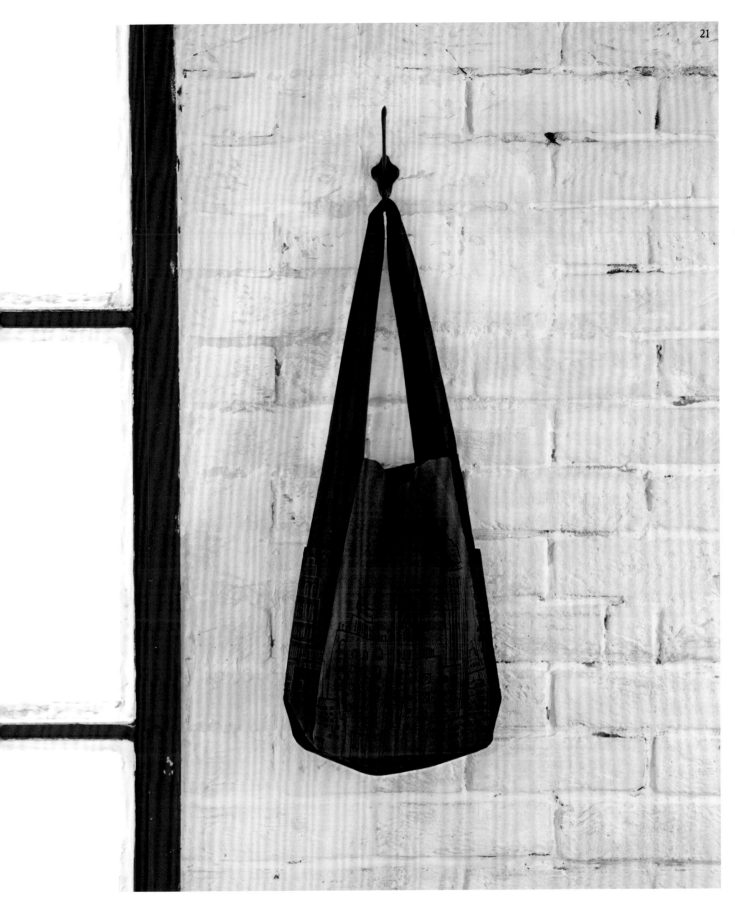

因為想使用有著摩登建築花樣的印花布料，便搭配了紅色與黑色。若以單色製作，應該也很漂亮。
袋身具有深度，能確實收納書本，便於上課時使用。

作法 ▶ P.60

托特包 tote

右邊的款式由於選用大面積的陶壺印花布料，所以製作成大包包，
這是我每次從家裡到教室時使用的包包，
能收納書本，也能放入運動服與許多物品。單純別上胸花，就變得很時髦囉！
紅色胸花的花瓣是以零碼布片製成，左邊的小包則是將尺寸縮小了約80%製作而成。

刻意車縫小包的四邊轉角，以抓出立體形狀。

大包的裡布，這款能夠雙面使用喔！

作法 ► P.74　紅色胸花的作法 ► P.74

典雅包 elegance

外出用包款。雖然附袋蓋的袋物大多是簡單款式，但試著作成柔和的波浪狀，便增添了些許時尚感。
為了要確實作出形狀，因此加上了厚質布襯，
若是將這個造型的袋蓋作成拼布再進行壓線，應該也很可愛吧！

由於袋口處有拉鍊，所以內容物不會掉出。

作法 ▶ P.62

以薄質布料製作有膨鬆感的包包。袋形會依據物品放入的方法與形狀有所不同。
因為是短提把，所以也可於兩側加上肩背用的背帶。側身的寬度，在縫製時就自己斟酌的調整吧！

氣球包　balloon

可製作成兩面包。

為了看起來清爽，將鈕釦固定於凹陷處內側。

作法 ► P.64

摩登包 modern

此包款也是拼布包常見的人氣款式。選用不同布料就能傳達完全不一樣的氛圍，
例如小型花樣的印花布，就能展現溫柔的感覺。側身的顏色雖是從點點中挑選一色製作，若選用與袋身相同的布料也不錯！

實用的袋形便於使用。

思考搭配不同形狀的鈕釦也是一種樂趣喲!

作法 ► P.66

迷你包 mini

穿入金屬支架的迷你包。由於最近口金也多了許多不同的尺寸，所以試著作了小尺寸的袋物。不加上提把也能作為口金包使用。
可依喜好製作深一點或淺一點的款式，輕鬆就能完成，一點也不困難喔！

確實作出形狀。

放入了金屬支架，袋口能夠大大的打開，很方便呢！

作法 ► P.78

筒狀包　tube

側身的裁片以正圓形製作，還附上了口袋。

裡布挑選鮮豔的布料，能夠收納許多物品。

圓筒狀的包款，只要調整寬度與直徑就能給人不一樣的印象。雖然一開始想作成運動包，但還是試著作成了時髦的橫長包款。
左右兩側作短一點也很可愛喔！提把是偏細的織帶，作短一些就會有不同感覺。兩側的吊耳布接上D形環就能作為側背包使用。

作法 ► P.68

三角包　triangle

胸花　corsage

筆袋　pencil case

整體看起來像是口袋的三角形袋物。
底角設計像是往外側飛出去的樣子，也是設計上一大重點。

將裁剪後沒收邊的布料縫製的胸花，簡單又奢華。

為了讓設計作品時使用的色鉛筆不會散亂在桌上，
製作了有大大開口的口金包筆袋。

胸花也能簡單完成，不僅可以勾於包包上，也能固定於衣服上。

看起來像是口袋的位置，其實是袋口喔！

可以大大打開的款式也很方便。

三角包作法 ► P.73　灰色&黑色胸花作法 ► P.65　紅色胸花作法 ► P.74　筆袋作法 ► P.79

扁包 flat

內側不會鼓起，使用時能服貼身體。

將錢包、手機，放入想隨身攜帶的物品吧！

試著製作與舊包相同款式的袋物，
由於袋形夠薄，與身型十分服貼，旅行時採斜背方式也非常方便喔！

作法 ▶ P.70

環保包 ecology

僅需一片布料就能輕易完成的形狀。縫份燙開後再摺入處理。由於我的肩部有斜肩的情形,有兩條肩背帶時,
無論如何都會有一條滑落,所以才想乾脆一開始就製作成一條肩背帶就好了!
如果作成小尺寸,作為在飯店享用早餐時攜帶的包包也很方便。
找到喜歡的布料馬上就能完成,也常拿來送禮。

作法 ► P.76

波奇包 pouch

由於布料是圓點的可愛花樣，所以口金包的形狀也試著作成圓滾滾的樣子。狹窄的開口可避免內容物掉出。

作法 ▶ P.77

作品 ◄ **P.04** no.1 · **P.05** no.2 · **P.14** no.12   **拼接罩衫** switch

完成尺寸

M…胸圍100cm　身長89cm

L…胸圍106cm　身長91cm

紙型運用（背面　紙型Type A）

A前片 A後片 A後下襬拼接布

A前下襬拼接布

＊處理領圍與袖口的滾邊條無紙型，
請依裁布圖的尺寸直接裁剪。

材料

木棉布（印花布）110×170cm

尼龍線60號（與布料相近的顏色）

＊為了教學說明，步驟示範使用不同顏色的線材

製作重點

肩線與脇邊進行包邊縫，包邊縫的作法，是將需接縫的兩片其中一側
縫份包覆另一側縫份之後縫合。由於裁布邊隱藏於內側，完成的反面
不僅漂亮而且很牢固，因此肩線與脇邊的前、後片縫份尺寸不同，下襬
拼接布作法也是如此。

作法

1　於肩線進行包邊縫。

2　脇邊進行包邊縫。

3　縫製領圍。

4　縫製袖口。

5　縫製下襬拼接布。

6　接縫下襬拼接布。

縫製順序

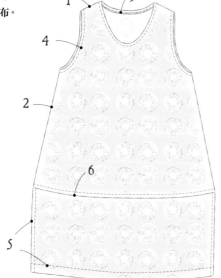

工具

準備下列的一般縫紉工具就OK！

紙型用紙（描圖紙……等，具有一定透視度，能辨識下方線條
的紙張）· 尺 · 鉛筆 · 布用雙面複寫紙 · 輪刀 · 記號筆 · 裁布剪
刀（布用大剪刀）· 剪紙剪刀 · 小剪刀 · 珠針 · 手縫針 · 指套 · 熨
斗 · 燙墊 · 縫紉機……等。

其它工具：穿鬆緊帶器、返裡針、錐子等……，請依作品需
求選用。

裁布圖（no.1 · no.2 · no.12共用）

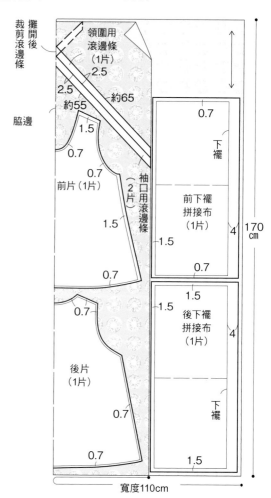

1　肩線進行包邊縫

包邊縫

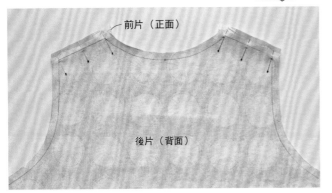

1 將前、後片正面相對，對齊肩線並以珠針固定。

2 縫製肩線，為了不使縫線鬆脫，請於始縫處與止縫處進行回針縫。

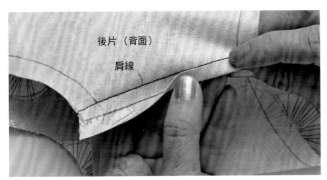

3 將前片肩線的縫份對摺，以貼齊縫線的方式，包夾後片縫份。

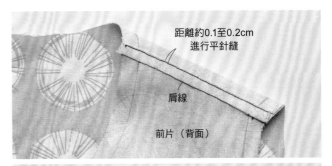

4 將肩線縫份倒向後片，以熨斗整燙後再以珠針固定。

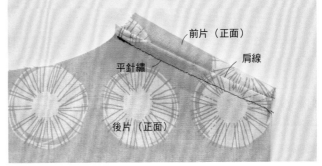

距離約0.1至0.2cm進行平針縫

5 縫份處進行平針縫。從正面看時，平針縫的針趾會在後片的肩線處。

洋裁的紙型作法&裁剪重點

運用附錄的原寸紙型製作

1　選擇尺寸
原寸紙型有M・L兩種尺寸。參考原寸紙型上的適用尺寸表，小洋裝、罩衫與背心須配合胸圍，褲子則須配合臀部尺寸來挑選。

2　描繪原寸紙型
作法頁上記載的「運用紙型」是將附錄的原寸紙型描繪於其他紙張，布紋方向與對齊記號也別忘了標註，最後再沿線剪下。

3　裁布
原寸紙型並不含縫份，製作時，請參考裁布圖將紙型排放於布料上，外加需要的縫份後裁剪。將布料對摺裁剪時，正面須朝外側對摺，以單片進行裁剪時，請將紙型翻至背面，並於布料背面裁剪。

4　製作記號
於正面朝外的兩片布料間夾入布用雙面複寫紙，運用點線器描繪後，以線條接合製作記號，別忘了標註對齊記號喔！

2　脇邊進行包邊縫

1 將前、後片正面相對，並車縫脇邊。

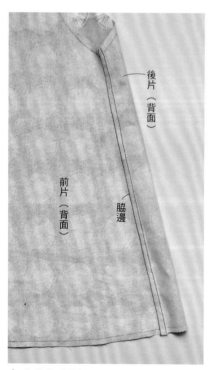

2 作法與肩線相同，以前片縫份包覆後片縫份，再於縫份處進行平針縫完成包邊。

3　縫製領圍

滾邊條
進行回針縫

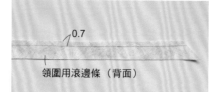

1 於領圍用滾邊條背面的單邊，畫上縫份0.7cm的線條。

2 將衣身領圍與滾邊條正面相對對齊後車縫。滾邊條布邊靠近後領圍左肩膀處，如圖所示，一端摺疊0.7cm，並與另一端重疊0.7cm，再修剪多餘布角。

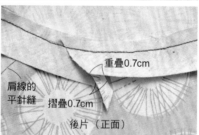

3 避開滾邊條，僅於衣身領圍上剪牙口。

4 將滾邊條翻至衣身的裡側，以熨斗整燙領圍。

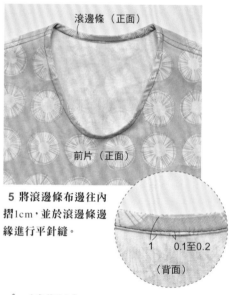

5 將滾邊條布邊往內摺1cm，並於滾邊條邊緣進行平針縫。

4　縫製袖口

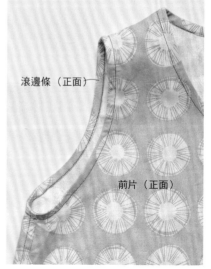

與領圍作法相同，將袖口以滾邊條搭配回針縫固定，再進行平針縫。

5　縫製下襬拼接布

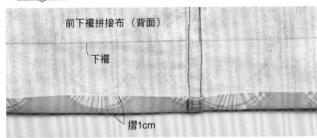

1 將前、後下襬拼接布以平針縫縫合，再進行包邊縫，完成後將縫份倒向前下襬拼接布。

三褶邊

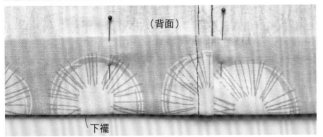

2 將下襬的縫份往背面摺疊1cm，再將剩下的縫份從完成線開始摺三褶，以熨斗整燙後以珠針固定。

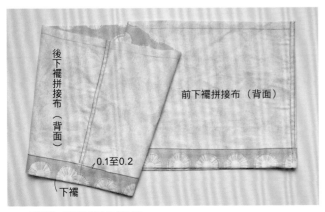

3 下襬摺三褶後進行平針縫。

6　接縫下襬拼接布

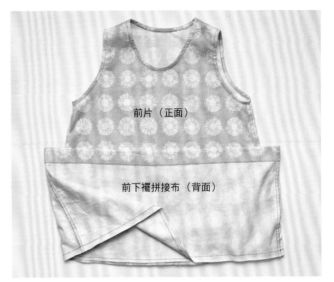

1 將衣身下襬與下襬拼接布正面相對並縫合。

2 以下襬拼接布的縫份包覆衣身縫份後，將縫份倒向衣身，進行平針繡完成包邊縫。

3 翻至正面以熨斗整燙，完成！

作品 ◄ P.16　**方形包**　square

完成尺寸

長16cm　寬30cm　**側身寬**10cm

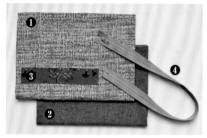

材料

❶木棉布 （印花A）…110×55cm（袋身表布・側身表布・口布表布・提把・拉鍊裝飾布）

❷木棉布 （印花B）…110×55cm（袋身裡布・內口袋・側身裡布・口布裡布・拉鍊裝飾布・縫份用滾邊條）

❸木棉布 （印花C）…4×20cm（拉鍊頭裝飾）

❹塑膠拉鍊 灰色…長度40cm 1條

其他還有像尼龍線（使用與布料顏色相近的線）、疏縫線

＊如果沒有剛好適合作品長度的拉鍊，可準備長度較長，且能以剪刀裁剪的塑膠拉鍊

＊為了教學說明，步驟示範使用不同顏色的線材。

工具

縫針、珠針、剪刀、尺、記號筆、縫紉機、熨斗……

裁布圖

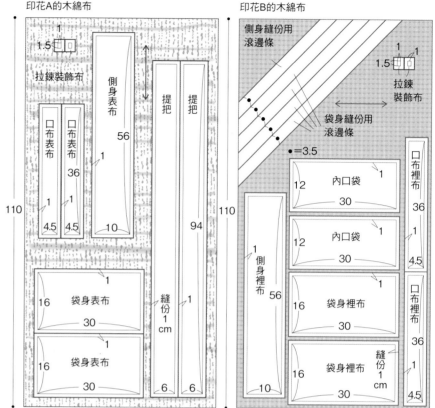

印花A的木綿布

印花B的木綿布

印花C的木綿布
拉鍊頭裝飾
1片

直接裁剪

20

4

1　裁剪各部位的布料

依裁布圖以指定布料裁剪各部位。袋身裡布與側身裡布則需於布料正面製作記號。滾邊條的裁剪方式與接縫方式請參見P.48。

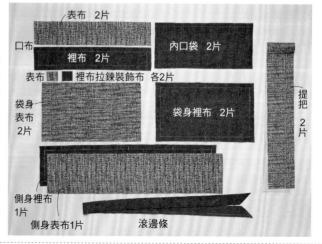

2 接縫拉鍊與口布

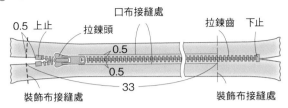

0.5 上止　口布接縫處　拉鍊齒　下止
拉鍊頭　0.5
0.5
33
裝飾布接縫處　裝飾布接縫處

1 將塑膠拉鍊調整成需要的長度（33cm）。依圖示於拉鍊裝飾布接縫處製作記號。於此處將裝飾布的表布與裡布正面相對，進行夾車。

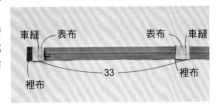

車縫　表布　表布　車縫
裡布　33　裡布

2 配合下止的拉鍊裝飾布尾端，修剪多餘的塑膠拉鍊。

0.1至0.2

3 將裝飾布翻至正面，布邊進行車縫。

4 將步驟3的拉鍊背面朝上，疊放於拉鍊口布上方，對齊縫線與拉鍊齒的邊緣（請見上圖），再將口布裡布的正面，與拉鍊相疊。沿縫線進行疏縫，整條須縫合至邊緣。

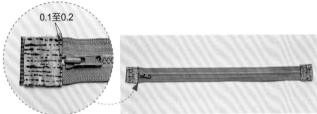

拉鍊（背面）　縫份1cm
口布裡布（背面）
口布表布（正面）

縫份1cm

5 翻至正面，整理布料。

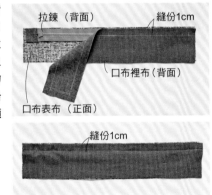

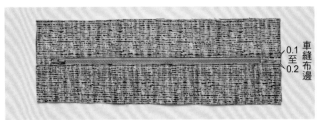

0.1至0.2　車縫布邊

6 塑膠拉鍊的另一側作法與步驟4相同，同樣需接縫兩片口布。翻至正面後，車縫布邊。

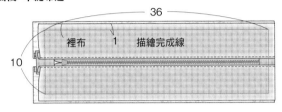

36
裡布　1　描繪完成線
10

7 於裡布描繪完成線，並完成口布。

3 製作提把，並與口布、側身縫合

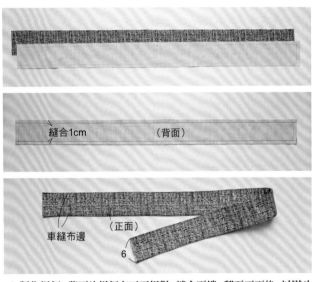

縫合1cm　（背面）

車縫布邊　（正面）
6

1 製作提把。將兩片提把布正面相對，縫合兩端，翻至正面後，以熨斗整燙布邊車縫。

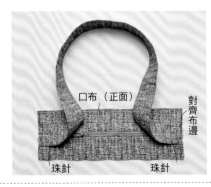

口布（正面）　對齊布邊
珠針　珠針

2 以口布中心為準，將提把端置於兩側，並以珠針固定。這時請先將拉鍊開一半。

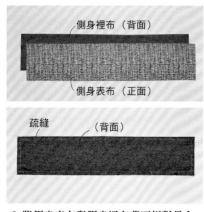

3 將側身表布與側身裡布背面相對疊合，於完成線外側進行疏縫固定。

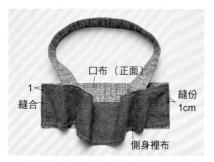

4 將步驟2的口布與步驟3的側身正面相對疊合，於兩端進行疏縫，並於四邊預留縫份1cm。

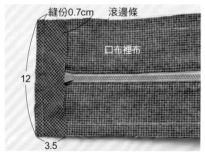

5 處理步驟4兩端的縫份。準備兩條長度12cm寬度3.5cm的滾邊條，於滾邊條背面描繪0.7cm的縫線記號（請見P.48）。將滾邊條與口布正面相對疊合，滾邊條的縫線與步驟4的針趾對齊後，以珠針固定。沿縫線縫合（沿步驟4的針趾），依滾邊條修剪側身與口布的縫份。

6 以滾邊條包覆縫份，並插入珠針固定。一邊挑起步驟4的針趾，一邊進行立針縫。

7 另一側也以步驟5至步驟6的作法，以滾邊條包覆縫份處理。

4 縫製袋身

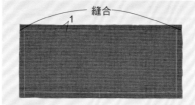

1 將兩片內口袋布正面相對，並車縫除了袋口處的三邊。

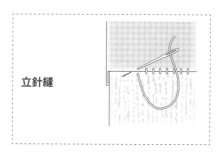

立針縫

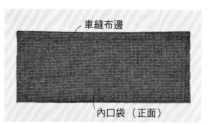

2 將步驟1翻至正面，於袋口處壓縫一道。

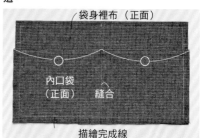

3 將步驟2完成的內口袋放置於裡袋身的正面，對齊下端後，以珠針固定。於內口袋的中央車縫一道，再於正面描繪完成線。

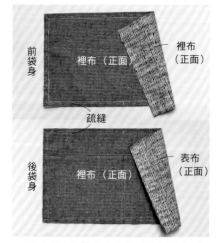

4 將步驟3與袋身表布背面相對疊合，周圍疏縫固定，完成後袋身。取另一片袋身表布與裡布背面相對疊合，周圍也以疏縫固定，完成前袋身。

$\int$ 組裝口布、側身與袋身

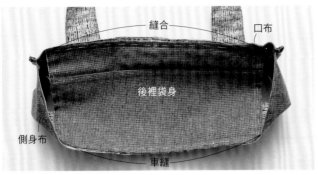

1 將口布、側身與後袋身正面相對，於上、下端進行疏縫，完成後，再縫合記號點至記號點。

2 於轉角處製作記號，僅口布的縫份剪牙口至記號點，後袋身縫份並沒有剪牙口。

3 僅於側身轉角記號處的縫份剪牙口。對齊口布、側身與袋身的左

右兩側，並進行疏縫，從記號點縫至另一側記號點，另一側作法亦同。

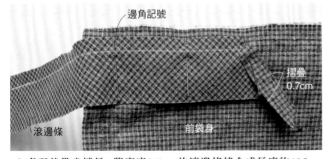

4 處理前袋身縫份。將寬度3.5cm的滾邊條接合成長度約105cm備用，共需兩條（接合作法請見P.48）。將滾邊條下側以正面相對的方式固定於袋身上，滾邊條起始處往背面摺疊0.7cm。將滾邊條的縫線與步驟4的針趾對齊後，以珠針確實固定，再對齊滾邊條與袋身的縫線，以珠針固定至轉角記號處。

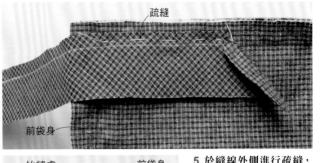

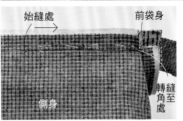

5 於縫線外側進行疏縫，將側身立起，再與袋身縫合至轉角記號處後剪線。

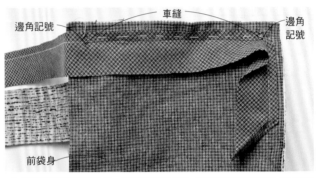

6 將滾邊條對齊至下一個轉角記號處，並進行疏縫固定。立起側身，再與袋身縫合至轉角記號處後剪線。

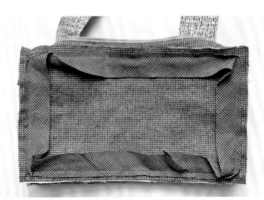

7 以步驟5至步驟6的作法縫製滾邊條。

6 於拉鍊片上組裝裝飾即完成

8 對齊滾邊條的布邊，修剪多餘縫份。

9 以滾邊條包覆縫份，並插入珠針固定，以縫針挑起少許布料進行藏針縫。

10 後袋身、口布與側身的縫份作法，也依照步驟4至步驟9，以滾邊條包覆縫份，完成袋身。

1 印花布C裁剪成一片4×20cm，將兩側摺向中心，再對摺車縫。

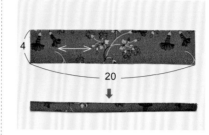

壓縫 / 摺雙 / 1

2 將步驟1完成的布條穿過拉鍊頭並打結裝飾。

拉鍊片 / 拉鍊頭

完成

滾邊條的裁法&接縫法

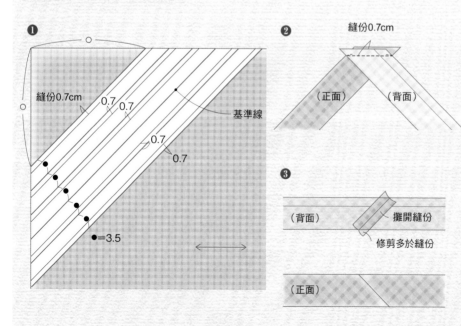

❶ 縫份0.7cm 0.7 0.7 0.7 0.7 基準線 ●=3.5

❷ 縫份0.7cm （正面）（背面）

❸ （背面）攤開縫份 修剪多於縫份 （正面）

❶ 請見P.44印花B的裁布圖，製作寬度3.5cm的滾邊條記號。裁布前畫縫線時，以基準線為界將縫線反過來畫（若全部都是相同方向畫縫線，接合時縫線會對不起來）。依照裁布圖剪斜裁布條。裁布後畫縫線時，以步驟❷的要領接縫後，在距離布邊0.7cm內側畫縫線。

❷ 將滾邊條接合成需要的長度。兩條滾邊條正面相對疊合，以珠針固定後，沿布邊進行車縫。

❸ 攤開縫份，並修剪多餘布角。

作品 ◀ P.05 no.3 · no.4 　拼接罩衫

完成尺寸

M…胸圍100cm　衣長78cm

L …胸圍106cm　衣長80cm

運用紙型（背面　紙型A）

A前片　A後片

＊no.3的罩衫領圍與袖口包邊條皆無
紙型，請直接依裁布圖尺寸剪裁。

no.3 材料

木棉布（印花布）寬110cm　180cm

尼龍線60號

no.4 材料

木棉布（印花布）…寬110cm　180cm

包邊條（對摺再對摺）

…寬1.1cm　330cm

尼龍線60號

製作重點

no.3的領圍與袖口以相同的包邊條收
邊。no.4的領圍、袖口與下襬皆以包
邊條進行收邊。

作法

1 肩膀進行包邊縫。→P.41

2 脇邊進行包邊縫。→P.42

3 縫製領圍。no.3以包邊條進行回針縫
（→P.42）．no.4以包邊條進行包邊
（→圖3）。

4 縫製袖口。no.3以包邊條進行回針縫
（→P.42）．no.4以包邊條進行包
邊。

5 處理下襬。no.3三摺邊後進行平針繡
（→p.43）．no.4以包邊條進行包
邊。

no.3 縫製順序

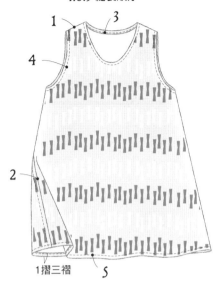

1摺三摺

no.4 縫製順序

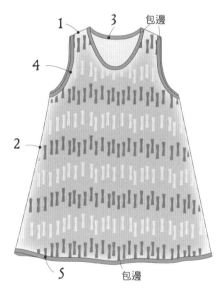

包邊

包邊

包邊作法

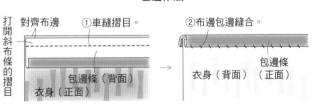

打開斜布條的摺目

對齊布邊　①車縫摺目。　②布邊包邊縫合。

包邊條（背面）

衣身（正面）

包邊條

衣身（背面）　（正面）

no.3 裁布圖

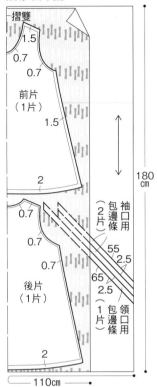

摺雙

1.5

0.7

0.7

前片（1片）

1.5

2

0.7

0.7

0.7

後片（1片）

2

袖口包邊條用（2片）

55　2.5

65　2.5

領口包邊條用（1片）

180cm

110cm

no.4 裁布圖

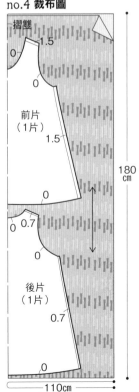

摺雙

1.5

0

0

前片（1片）

1.5

0

0　0.7

0

後片（1片）

0.7

0

180cm

110cm

作品 ◄ P.06 no.5・P.07 no.6　　**A字罩衫** spread

完成尺寸　＊（　）內為no.6

M…胸圍105cm
　　衣長81.5cm（71.5cm）
L…胸圍111cm
　　衣長84.5cm（74.5cm）

運用紙型（背面　紙型Type B）

B前片・前領圍貼邊・前袖籠貼邊
B後片・後領圍貼邊・後袖籠貼邊

材料（no.5・no.6共用）

木棉布（裙邊印花布）…寬110cm
M 160cm／L 170cm
尼龍線60號

製作重點

因為衣身邊緣使用了裙邊印花布料，因此此紙型排放時，記得將裙邊印花擺放於前、後片的下襬處再裁剪。no.5與no.6的作品僅長度不同，縫法皆相同。

作法

＊衣身的肩線縫份與各貼邊外圍，
　皆先進行拷克。
1 將前、後片的肩線正面相對縫合，並燙開縫份。
2 領圍處以回針縫固定貼邊。→圖2
3 縫製脇邊，製作開衩收尾。
　首先將脇邊縫至開衩止縫處，並燙開縫份。再將脇邊縫份的一半往內摺，開衩部分的縫份進行三褶邊，從袖口下至下襬為止的摺邊皆進行平針縫。→P.57
4 袖口作法與領圍相同，以回針縫固定貼邊。→P.55
5 下襬的縫份三褶邊後進行平針縫。→P.57

裁布圖（no.5、no.6共用）

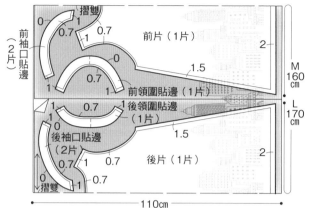

縫製順序

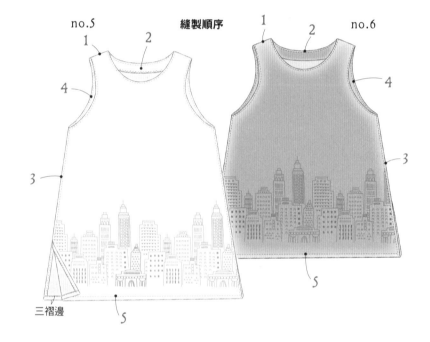

2　領圍處以回針縫固定貼邊

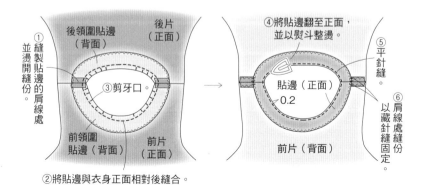

作品 ◄ P.14 no.13　羊毛A字罩衫 spread

完成尺寸

　M…胸圍105㎝　衣長81.5㎝

　L…胸圍111㎝　衣長84.5㎝

運用紙型（背面　紙型Type B）

　B前片・前領圍貼邊・前袖籠貼邊

　B後片・後領圍貼邊・後袖籠貼邊

材料

　刺繡羊毛布料…寬110㎝　190㎝

　尼龍縫線60號

作法

　＊前、後片的肩線縫份與各貼邊的
　　外側皆進行拷克。

　1 將前、後片的肩線正面相對縫合，
　　並攤開縫份。

　2 領圍處製作貼邊，並以回針縫縫合
　　固定。→P.50（不作平針縫）

　3 將前片與後片的脇邊正面相對，由
　　脇邊縫至開衩止縫處，並攤開縫
　　份。

　4 縫製袖籠。先將前、後袖籠貼邊的
　　肩線與脇邊縫合，並攤開縫份。以
　　領圍的組裝方式縫合袖籠，以回針
　　縫將貼邊縫份處固定。→P.55

　5 處理開衩止縫處與下襬收邊。→圖5

縫製順序

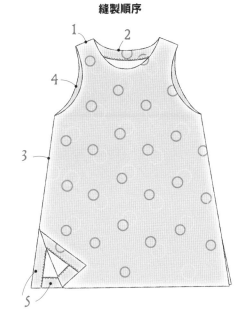

裁布圖

§ **處理開衩止縫處&下襬收邊**

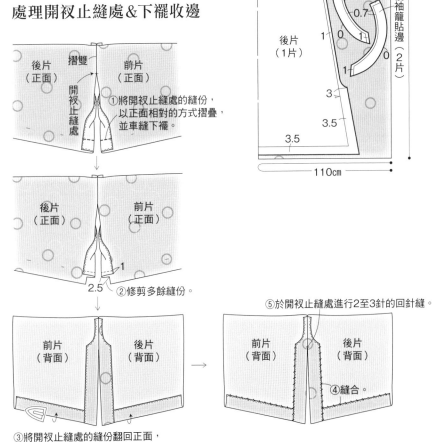

作品 ◀ P.08 no.7　**小洋裝** one-piece

完成尺寸

M…胸圍108㎝　衣長100.5㎝
　　袖長47.5㎝

L…胸圍114㎝　衣長103.5㎝
　　袖長48.5㎝

運用紙型（表面　紙型Type C）

C前片・C後片・C袖子

＊綁繩與領圍收邊使用的斜布條，
不以紙型製作，請將布料攤開以裁
布圖的尺寸直接裁剪。

材料

木棉布（格紋布）…寬110㎝　300㎝
布襯…5㎝×2㎝
尼龍縫線60號

製作重點

於前片左身與後片右身，各製作兩
個綁繩穿入口。

作法

＊肩線縫份處進行拷克。

1 於前、後片分別製作綁繩穿入口。
　→圖1

2 將前、後片的肩線縫份處正面相對
　縫合，並攤開縫份。

3 領圍處以回針縫固定斜布條。
　→P.42

4 接縫袖子。→圖4

5 從袖子下方連續縫至脇邊。→圖5

6 袖口邊緣收尾，進行三褶邊後車縫
　固定。

7 下襬縫份同樣進行三褶邊後車縫固
　定。

8 製作綁繩，並穿入綁繩穿入口。
　→圖8

縫製順序

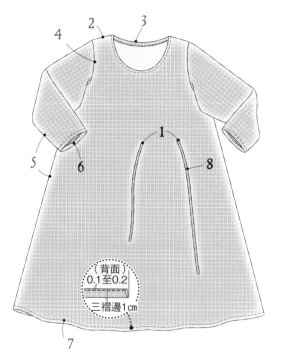

裁布圖

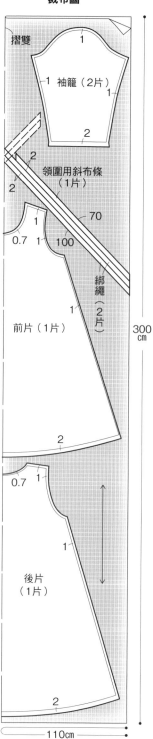

1　製作綁繩穿入口

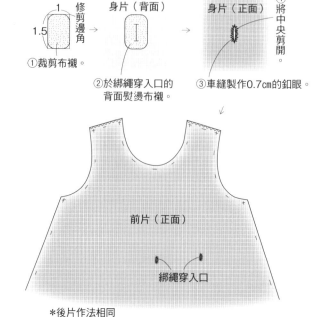

4　接縫袖子

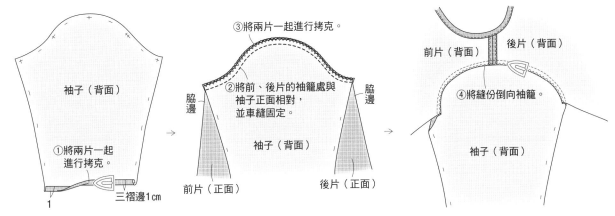

袖子（背面）

①將兩片一起進行拷克。

1　三褶邊1cm

③將兩片一起進行拷克。

②將前、後片的袖籠處與袖子正面相對，並車縫固定。

脇邊

脇邊

袖子（背面）

前片（正面）

後片（正面）

前片（背面）　後片（背面）

④將縫份倒向袖籠。

袖子（背面）

5　由袖子下方縫至脇邊

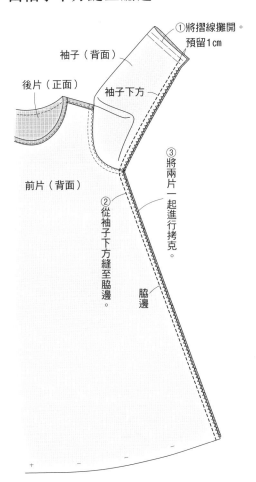

袖子（背面）

後片（正面）

袖子下方

①將摺線攤開。預留1cm

前片（背面）

②從袖子下方縫至脇邊。

③將兩片一起進行拷克。

脇邊

8　製作綁繩&穿入綁繩穿入口

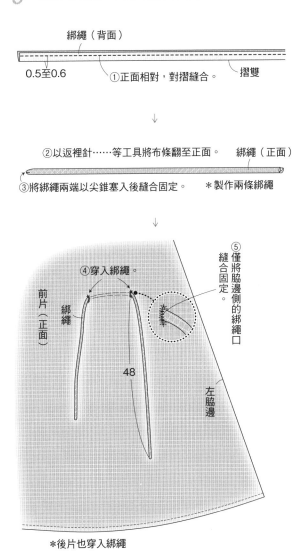

綁繩（背面）

0.5至0.6

①正面相對，對摺縫合。

摺雙

②以返裡針……等工具將布條翻至正面。

綁繩（正面）

③將綁繩兩端以尖錐塞入後縫合固定。　＊製作兩條綁繩

④穿入綁繩。

⑤僅將脇邊側的綁繩口縫合固定。

前片（正面）

綁繩

48

左脇邊

＊後片也穿入綁繩

作品 ◄ P.10 no.8・P.14 no.14　　背心 vest

完成尺寸　＊（　）內為no.14
　　M⋯胸圍103.5cm
　　　　衣長70.5cm（87.5cm）
　　L⋯胸圍109.5cm
　　　　衣長72.5cm（89.5cm）

運用紙型（背面　紙型Type D）
　　D前片・前片貼邊・前袖籠貼邊
　　D後片・後領圍貼邊・後袖籠貼邊

材料　＊（　）內為no.14
　　羊毛布料⋯寬110cm
　　　　　　M160cm／L170cm
　　　　　　（M／L 200cm）
　　布襯⋯30cm×80cm（30cm×100cm）
　　鈕釦⋯直徑2.5cm　1個
　　　　　（直徑2cm　2個）
　　釘釦⋯大　1組（大　2組）
　　尼龍縫線60號

製作重點
　　no.8和no.14僅身長、鈕釦與釘釦的數
　　量不同，其他縫法皆相同。

作法
　　＊前片貼邊的背面需熨燙布襯。
　　＊肩線、脇邊、下襬與各貼邊的外圍
　　　縫份皆進行拷克。
1 將前片與後片的肩線處正面相對縫
　　合，並攤開縫份。
2 縫製前片至領圍。→圖2
3 將前、後片脇邊正面相對，縫合脇
　　邊至開衩止縫處，並攤開縫份。
4 縫製袖籠。→圖4
5 處理開衩止縫處與下襬收邊。→圖5
6 組裝鈕釦與釘釦。於右前片的貼邊
　　處縫製釘釦凸面，左前片的正面組
　　裝釘釦凹面。再將鈕釦縫於釘釦凸
　　面處的正面。

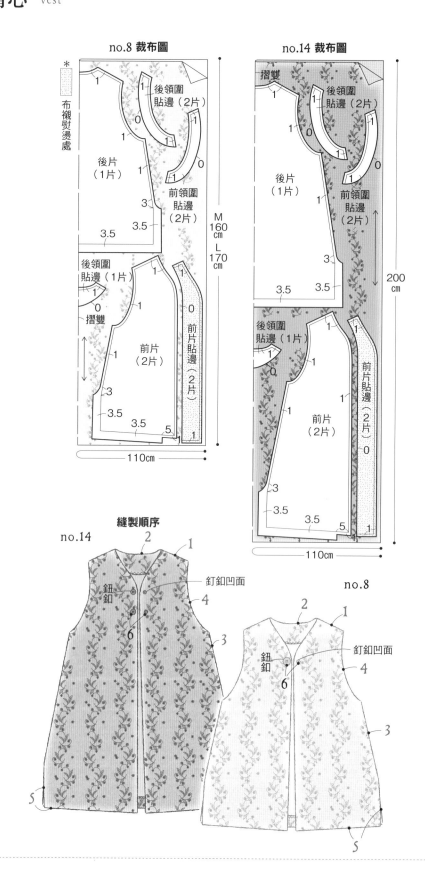

no.8 裁布圖

no.14 裁布圖

縫製順序

no.14

no.8

2 縫製前片至領圍

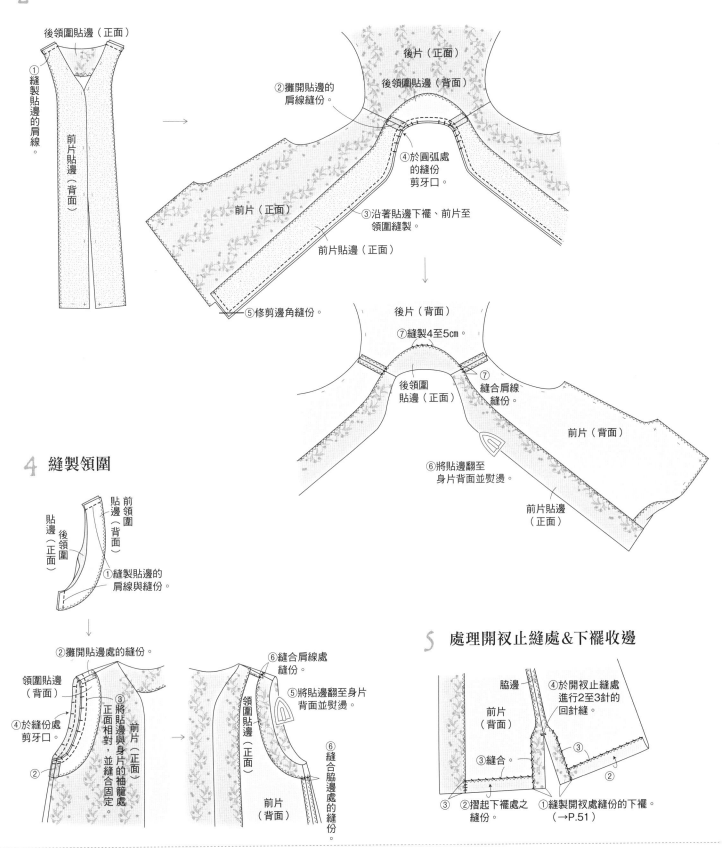

後領圍貼邊（正面）

①縫製貼邊的肩線。

前片貼邊（背面）

②攤開貼邊的肩線縫份。

後片（正面）

後領圍貼邊（背面）

④於圓弧處的縫份剪牙口。

前片（正面）

③沿著貼邊下襬、前片至領圍縫製。

前片貼邊（正面）

⑤修剪邊角縫份。

後片（背面）

⑦縫製4至5cm。

後領圍貼邊（正面）

⑦縫合肩線縫份。

前片（背面）

⑥將貼邊翻至身片背面並熨燙。

前片貼邊（正面）

4 縫製領圍

貼邊（正面）

後領圍

前領圍貼邊（背面）

①縫製貼邊的肩線與縫份。

②攤開貼邊處的縫份。

領圍貼邊（背面）

④於縫份處剪牙口。

②

③將貼邊與身片正面相對，並縫合固定。

前片（正面）

前片（背面）

⑥縫合肩線處縫份。

⑤將貼邊翻至身片背面並熨燙。

領圍貼邊（正面）

前片（背面）

⑥縫合脇邊處的縫份。

5 處理開衩止縫處&下襬收邊

脇邊

前片（背面）

④於開衩止縫處進行2至3針的回針縫。

③

③縫合。

③

②摺起下襬處之縫份。

①縫製開衩處縫份的下襬。（→P.51）

②

作品 ◀ P.12 no.10　**七分袖罩衫** *three-quarter sleeves*

完成尺寸

　M⋯胸圍126cm　衣長79cm
　　　袖長35.5cm
　L⋯胸圍132cm　衣長82cm
　　　袖長36.2cm

運用紙型（背面　紙型Type E）

　E前片　E後片　E袖子
　＊領圍用斜布條，不以紙型製作，
　請依裁布圖尺寸直接裁剪。

材料

　木棉布⋯寬110cm　M230cm／L240cm
　尼龍縫線60號

裁布重點

　為了避免摺疊袖口縫份時長度不
　足，袖口處縫份請依裁布圖攤開再
　接縫。

作法

1 縫合肩線。→圖1
2 以領圍用斜布條包邊，並進行回針
　縫固定。→P.42
3 接縫袖子。將袖子與身片的袖籠處
　正面相對縫合，縫份處則將兩片布
　料一起進行拷克（→P.53），並倒向
　身片。以熨斗整燙後，距離邊緣0.5
　cm處進行平針縫固定。
4 縫製袖子下方至脇邊，並處理開
　衩。→圖4
5 袖口縫份製作三褶邊，並於邊緣進
　行平針縫固定。
6 處理下襬。→圖6

縫製順序

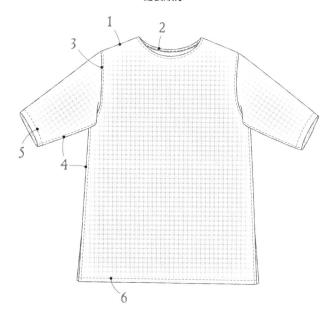

裁布圖

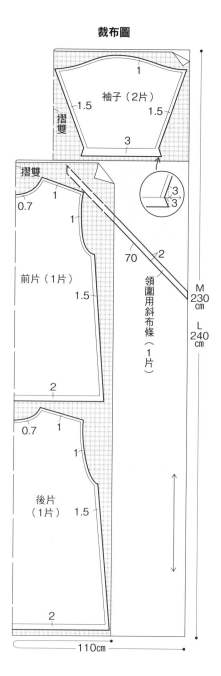

1 縫合肩線

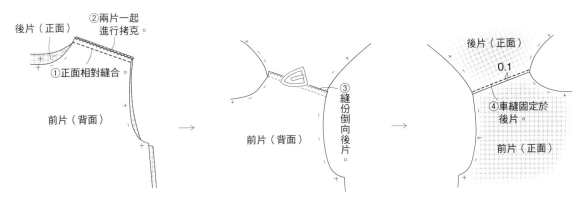

- 後片（正面）
- ②兩片一起進行拷克。
- ①正面相對縫合。
- 前片（背面）
- ③縫份倒向後片。
- 前片（背面）
- 後片（正面）
- 0.1
- ④車縫固定於後片。
- 前片（正面）

4 縫製袖子下方至脇邊＆處理開衩處

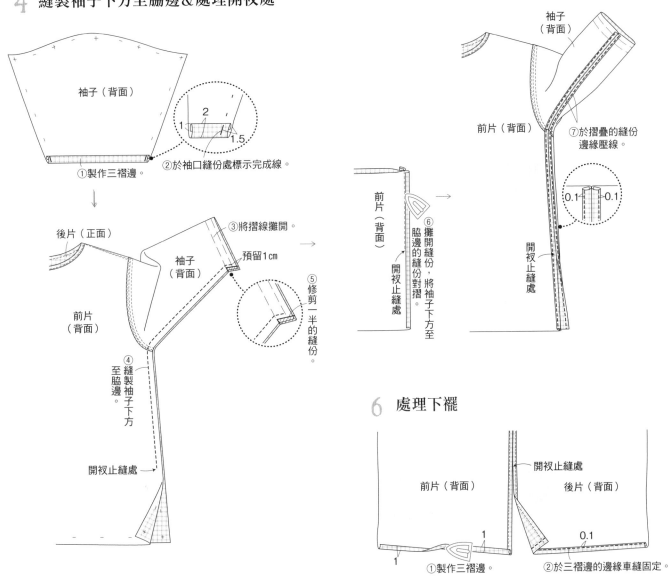

- 袖子（背面）
- 2
- 1
- 1.5
- ②於袖口縫份處標示完成線。
- ①製作三褶邊。
- 後片（正面）
- ③將摺線攤開。
- 袖子（背面）
- 預留1cm
- 前片（背面）
- ⑤修剪一半的縫份。
- ④縫製袖子下方至脇邊。
- 開衩止縫處
- 前片（背面）
- ⑥攤開縫份，將袖子下方至脇邊的縫份對摺。
- 開衩止縫處
- 袖子（背面）
- 前片（背面）
- ⑦於摺疊的縫份邊緣壓線。
- 0.1　0.1
- 開衩止縫處

6 處理下襬

- 開衩止縫處
- 前片（背面）
- 後片（背面）
- 1
- 1
- ①製作三褶邊。
- 0.1
- ②於三褶邊的邊緣車縫固定。

作品 ◀ P.11 no.9・P.14 no.15　　　**褲子** pants

完成尺寸

M…臀圍97㎝　褲長79.5㎝

L…臀圍103㎝　褲長82.5㎝

運用紙型（背面　紙型Type F）

F 前片褲管・F 後片褲管

材料　（no.9・no.15共用）

木棉布…寬110㎝　M190㎝／L200㎝

鬆緊帶…寬度3㎝　適量

尼龍縫線60號

作法

＊將脇邊、胯下的縫份處進行拷克。

1 車縫脇邊。將前、後片褲管正面相對，對齊脇邊後縫合，並攤開縫份。

2 車縫胯下。將前、後片褲管的胯下正面相對後縫合，並攤開縫份。

3 縫製褲襠。→圖3

4 處理腰圍。將腰圍縫份以三褶邊的作法，摺成寬度4㎝，再壓縫縫份的上、下側，此時需於下側預留鬆緊帶穿入口。→P.59

5 處理下襬。將下襬處縫份以三褶邊的作法，摺成寬度3㎝，再於三褶邊兩側進行壓線。

6 將鬆緊帶穿入腰圍的三褶邊壓線之間，試穿後即可決定適合的鬆緊帶長度，邊端重疊2至3㎝後以車縫或手縫固定。

縫製順序

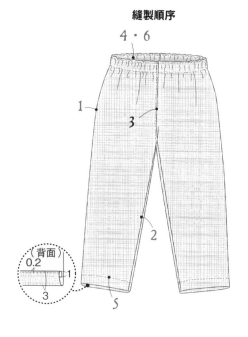

裁布圖

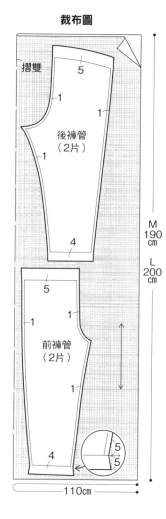

3 縫製褲襠

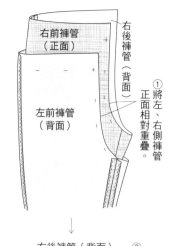

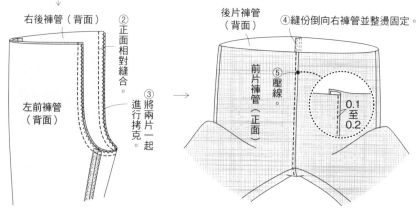

作品 ◄ P.13 no.11 **寬版褲** wide pants

完成尺寸

M…臀圍105cm　褲長96cm

L…臀圍111cm　褲長99cm

運用紙型（表面　紙型Type G）

G前片褲管・G後片褲管

材料

麻布（條紋花樣）

…寬110cm　M220cm／L230cm

鬆緊帶…寬度3cm　適量

尼龍縫線60號

作法

＊將脇邊與胯下的縫份處進行拷克。

1 縫製脇邊。將前、後片褲管的脇邊正面相對後縫合，並攤開縫份。

2 縫製胯下。將前、後片褲管的胯下正面相對後縫合，並攤開縫份。

3 縫製褲襠。將左、右褲管的褲襠處正面相對後縫合。兩片的縫份一起進行拷克處理，縫份倒向右褲管，並以平針縫固定。→P.58

4 處理腰圍。→圖4

5 處理下襬。將下襬縫份處以三褶邊的方式，摺疊成寬度3cm，並於三褶邊的兩側壓線。

6 將鬆緊帶穿入腰圍的三褶邊壓線之間，試穿後即可決定適合的鬆緊帶長度，邊端重疊2至3cm後以車縫或手縫固定。

縫製順序

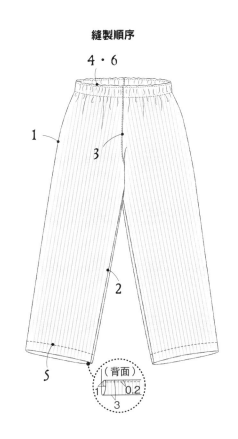

裁布圖

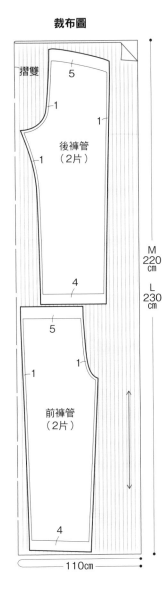

4 **處理腰圍**

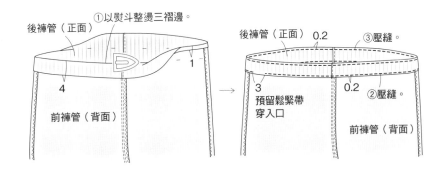

作品 ◄ P.20　建築包 building

完成尺寸（不包含提把）
　長34cm　寬23cm　側身寬10cm

運用紙型（正面）
　袋身‧外口袋‧內口袋‧提把

材料
　木棉布（印花布）A
　…寬110cm　27cm（袋身表布）
　木棉布（印花布）B
　…寬110cm　64cm（外口袋表布‧
　袋底表布‧側身表布‧提把表布）
　木棉布（黑色）…寬110cm　65cm
　（袋身裡布‧內口袋‧外口袋裡布‧
　提把裡布‧側身裡布）
　尼龍縫線

作法
1 由於印花布A‧B的布料兩端有建築
　物花樣，需特別注意裁法。
2 依裁布圖裁剪各部位，並依各步驟
　圖示完成袋物製作。

裁布圖

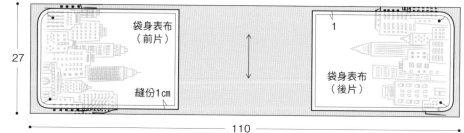

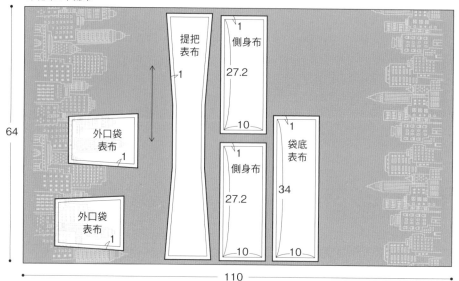

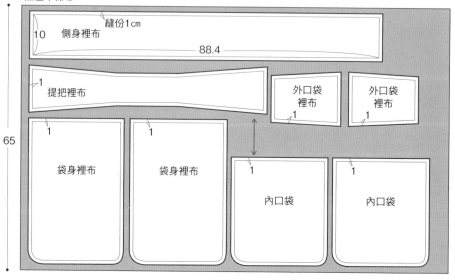

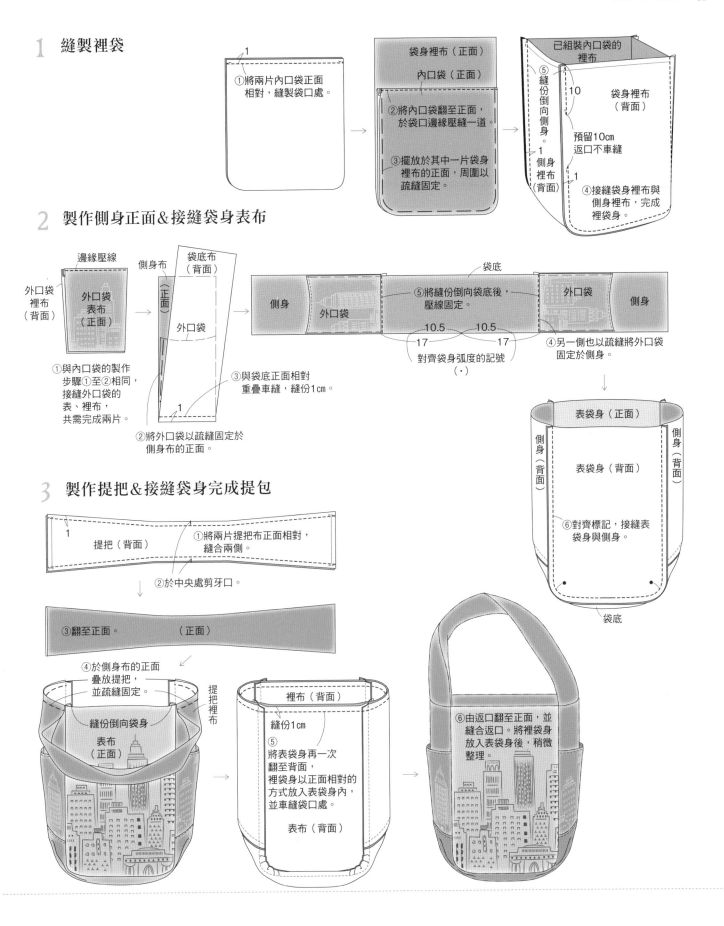

1　縫製裡袋

1

①將兩片內口袋正面相對，縫製袋口處。

袋身裡布（正面）

內口袋（正面）

②將內口袋翻至正面，於袋口邊緣壓縫一道。

③擺放於其中一片袋身裡布的正面，周圍以疏縫固定。

已組裝內口袋的裡布

⑤縫份倒向側身。

10

袋身裡布（背面）

預留10cm返口不車縫

1

側身裡布（背面）

1

④接縫袋身裡布與側身裡布，完成裡袋身。

2　製作側身正面＆接縫袋身表布

邊緣壓線

外口袋裡布（背面）

外口袋表布（正面）

①與內口袋的製作步驟①至②相同，接縫外口袋的表、裡布，共需完成兩片。

側身布（正面）

袋底布（背面）

外口袋

1

②將外口袋以疏縫固定於側身布的正面。

③與袋底正面相對重疊車縫，縫份1cm。

側身

外口袋

袋底

⑤將縫份倒向袋底後，壓線固定。

10.5　10.5

17　　　17

對齊袋身弧度的記號（・）

外口袋

側身

④另一側也以疏縫將外口袋固定於側身。

表袋身（正面）

側身（背面）

表袋身（背面）

側身（背面）

⑥對齊標記，接縫表袋身與側身。

袋底

3　製作提把＆接縫袋身完成提包

1

提把（背面）

①將兩片提把布正面相對，縫合兩側。

②於中央處剪牙口。

③翻至正面。　　（正面）

④於側身布的正面疊放提把，並疏縫固定。

縫份倒向袋身

表布（正面）

提把裡布

裡布（背面）

縫份1cm

⑤

將表袋身再一次翻至背面，裡袋身以正面相對的方式放入表袋身內，並車縫袋口處。

表布（背面）

⑥由返口翻至正面，並縫合返口。將裡袋身放入表袋身後，稍微整理。

作品 ◂ P.24　**典雅包**　*elegance*

完成尺寸（不含提把）
　長約20.5cm　袋口寬約24cm
　側身寬12cm

運用紙型（正面）
　袋身・袋蓋・側身・提把・擋布・
　內口袋

材料
　麻布（格紋）…寬110cm　76cm（袋
　身表布・側身表布・袋蓋裡布・提把
　表布・裡布・布・包邊條・布環）
　木棉布（印花布）A…寬110cm　45cm
　（袋身裡布・側身裡布・內口袋）
　木棉布（印花布）B…30cm×30cm
　（袋蓋表布）
　木棉布（印花布）C…4cm×20cm
　（拉鍊的拉片裝飾）
　布襯（薄）…27cm×30cm（袋蓋裡
　布・裝飾布）
　布襯（中厚布襯）…45cm×73cm
　（袋身裡布・側身裡布・提把裡布）
　塑膠拉鍊…長度30cm　1條
　包繩用布條…63cm
　圓環…內徑2cm　1個
　尼龍縫線

作法
　請依裁布圖裁剪各部位，並依各步
　驟圖示完成袋物製作。

裁布圖

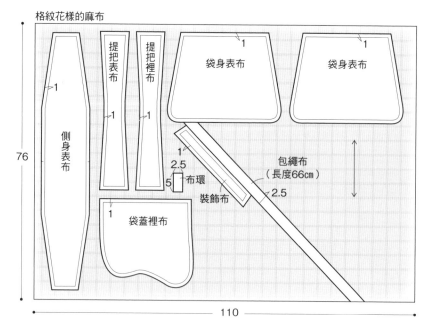

格紋花樣的麻布

提把表布　1
提把裡布　1
側身表布　1
袋身表布　1
袋身表布　1
2.5
5　布環
裝飾布
包繩布（長度66cm）　2.5
袋蓋裡布　1
76
110

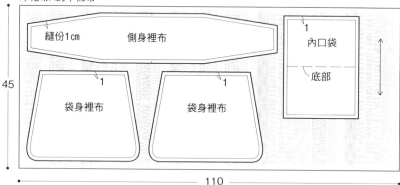

印花布A的木棉布

縫份1cm　側身裡布　1
內口袋　1
底部
45
袋身裡布　1
袋身裡布　1
110

印花布B的木棉布

表袋蓋　1
30
30

印花布C的木棉布

20
裁剪拉鍊的拉片裝飾
4

1　將內口袋組裝於裡袋身

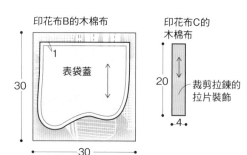

縫份1cm（背面）
預留返口
5cm
3　摺雙
①將內口袋正面相對對摺，
　縫合四周並預留一返口。

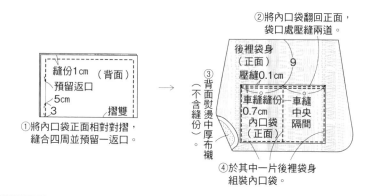

②將內口袋翻回正面，
　袋口處壓縫兩道。
後裡袋身（正面）　9
壓縫0.1cm
③背面熨燙中厚布襯（不含縫份）。
車縫縫份0.7cm　內口袋（正面）
車縫中央隔間
④於其中一片後裡袋身組裝內口袋。

2 組裝拉鍊

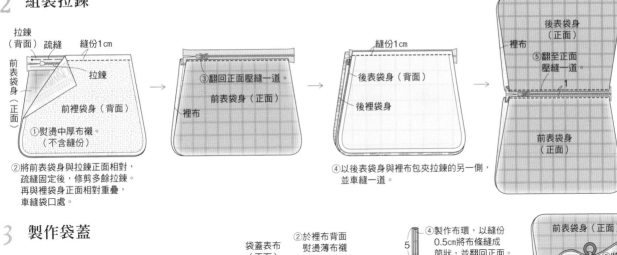

拉鍊
（背面）　疏縫　縫份1cm
前表袋身
（正面）
拉鍊
前裡袋身（背面）
①熨燙中厚布襯。
（不含縫份）
②將前表袋身與拉鍊正面相對，
疏縫固定後，修剪多餘拉鍊。
再與裡袋身正面相對重疊，
車縫袋口處。

③翻回正面壓縫一道。
前表袋身（正面）
裡布

縫份1cm
後表袋身（背面）
後裡袋身
④以後表袋身與裡布包夾拉鍊的另一側，
並車縫一道。

後表袋身
（正面）
裡布
⑤翻至正面
壓縫一道。
1
前表袋身
（正面）

3 製作袋蓋

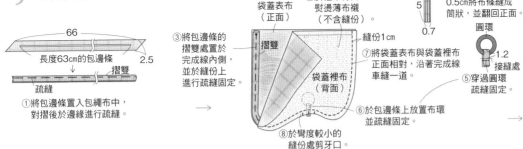

66
長度63cm的包邊條
2.5
摺雙
疏縫
①將包邊條置入包繩布中，
對摺後於邊緣進行疏縫。

袋蓋表布
（正面）
摺雙
③將包邊條的
摺雙處置於
完成線內側，
並於縫份上
進行疏縫固定。

②於裡布背面
熨燙薄布襯
（不含縫份）。
縫份1cm
袋蓋裡布
（背面）
⑦將袋蓋表布與袋蓋裡布
正面相對，沿著完成線
車縫一道。
⑥於包邊條上放置布環
並疏縫固定。
⑧於彎度較小的
縫份處剪牙口。

④製作布環，以縫份
0.5cm將布條縫成
筒狀，並翻回正面。
5
0.7
圓環
1.2
接縫處
⑤穿過圓環
疏縫固定。

前表袋身（正面）
表袋蓋
⑨將袋蓋
翻至正面
⑩將袋蓋以疏縫
固定於後表袋
身。
⑫放上裝飾布，
再以平針縫固定。
後表袋身
（正面）
⑪於裝飾布背面
熨燙薄布襯。
（不含縫份）

4 接縫袋身&側身

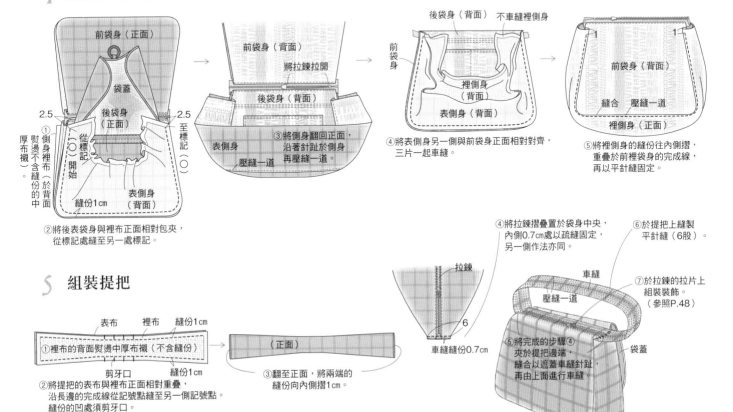

前袋身（正面）
袋蓋
2.5
後袋身
（正面）
2.5
至標記（○）
從標記（○）開始
①側身裡布（於背面的中央熨燙不含縫份的厚布襯）。
縫份1cm
表側身
（背面）
②將後表袋身與裡布正面相對對夾，
從標記處縫至另一處標記。

前袋身（背面）
將拉鍊拉開
後袋身（背面）
表側身
壓縫一道
③將側身翻回正面，
沿著針趾於側身
再壓縫一道。

後袋身（背面）　不車縫裡側身
前袋身
裡側身
（背面）
表側身（背面）
④將表側身另一側與前袋身正面相對對齊，
三片一起車縫。

前袋身（背面）
縫合　壓縫一道
裡側身（正面）
⑤將裡側身的縫份往內側摺，
重疊於前裡袋身的完成線，
再以平針縫固定。

5 組裝提把

表布　裡布　縫份1cm
①裡布的背面熨燙中厚布襯（不含縫份）
剪牙口
縫份1cm
②將提把的表布與裡布正面相對重疊，
沿長邊的完成線從記號點縫至另一側記號點。
縫份的凹處須剪牙口。

（正面）
③翻至正面，將兩端的
縫份向內側摺1cm。

④將拉鍊摺疊置於袋身中央，
內側0.7cm處以疏縫固定，
另一側作法亦同。
拉鍊
6
車縫縫份0.7cm

⑥於提把上縫製
平針縫（6股）
車縫
壓縫一道
⑦於拉鍊的拉片上
組裝裝飾。
（參照P.48）
⑤將完成的步驟④
夾於提把邊端，
縫合以遮蓋車縫針趾，
再由上面進行車縫。
袋蓋

作品 ◂ P.26 　**氣球包**　balloon

完成尺寸（不含提把）
　長29.5cm　袋口寬31cm　側身寬18cm

材料
　木棉布（印花布）A…寬110cm　120cm
　（袋身表布·提把表布·口布表布·布環）
　木棉布（印花布）B…寬110cm　120cm
　（袋身裡布·提把裡布·口布裡布）
　布襯（中厚）…18cm×38cm
　鋪綿…6cm×82cm
　鈕釦…直徑3cm　1個
　尼龍縫線

作法
　表布與裡布的各部位尺寸皆相同，僅表
布的印花布A裁剪繩圈。請依各圖示完
成袋物。

裁布圖
印花布A的木棉布（袋身表布·提把表布·口布表布·布環）
印花布B的木棉布（袋身裡布·提把裡布·口布裡布）

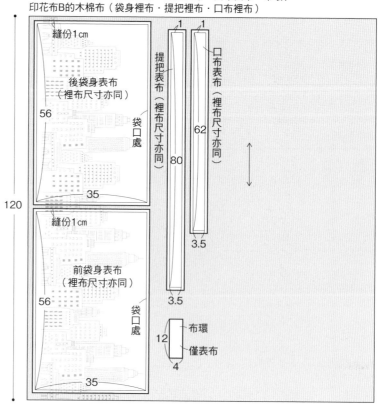

縫份1cm
後袋身表布
（裡布尺寸亦同）
56
袋口處
35
提把表布（裡布尺寸亦同）
80
3.5
口布表布（裡布尺寸亦同）
62
3.5
120
縫份1cm
前袋身表布
（裡布尺寸亦同）
56
袋口處
35
布環
僅表布
12
4
110

1　製作袋身

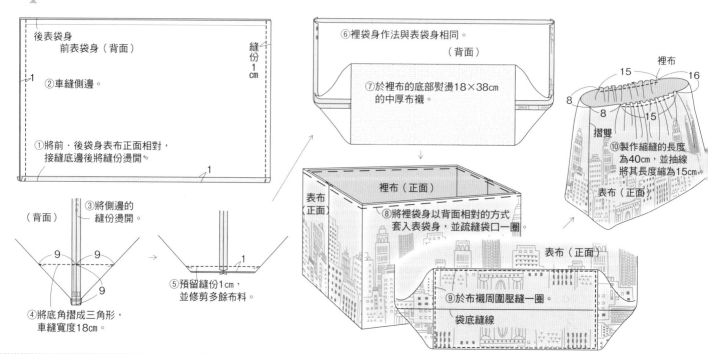

後表袋身
　前表袋身（背面）
縫份1cm
②車縫側邊。
①將前·後袋身表布正面相對，
接縫底邊後將縫份燙開。
1
1

（背面）
③將側邊的縫份燙開。
9　9
9
④將底角摺成三角形，
車縫寬度18cm。
⑤預留縫份1cm，
並修剪多餘布料。
1

⑥裡袋身作法與表袋身相同。
（背面）
⑦於裡布的底部熨燙18×38cm
的中厚布襯。

裡布（正面）
表布（正面）
⑧將裡袋身以背面相對的方式
套入表袋身，並疏縫袋口一圈。

表布（正面）
⑨於布襯周圍壓縫一圈。
袋底縫線

裡布
15　16
8
8　15
15
摺雙
⑩製作縮縫的長度
為40cm，並抽線
將其長度縮為15cm。
表布（正面）

2 接縫口布

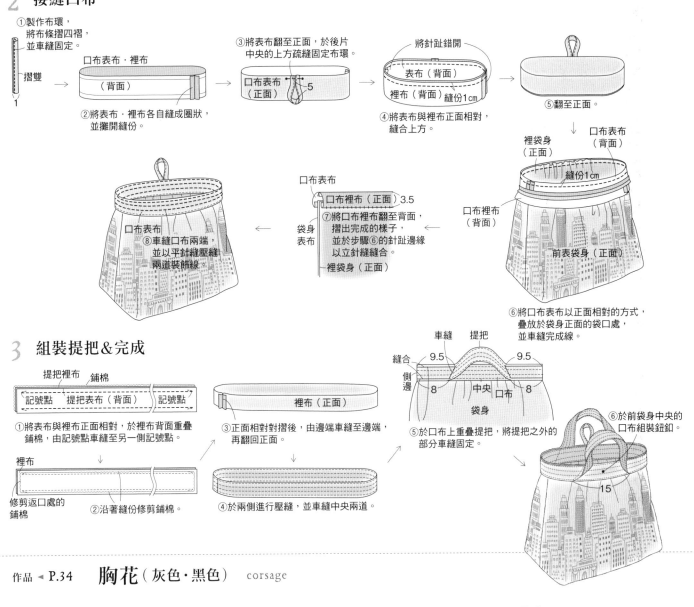

①製作布環，
將布條摺四摺，
並車縫固定。

摺雙

1

口布表布・裡布
（背面）

②將表布・裡布各自縫成圈狀，
並攤開縫份。

③將表布翻至正面，於後片
中央的上方疏縫固定布環。

口布表布
（正面）
5

④將表布與裡布正面相對，
縫合上方。

將針趾錯開

表布（背面）

裡布（背面）縫份1cm

⑤翻至正面。

裡袋身
（正面）

口布表布
（背面）

縫份1cm

口布裡布
（背面）

前表袋身（正面）

口布表布

口布裡布（正面）3.5

⑦將口布裡布翻至背面，
摺出完成的樣子，
並於步驟⑥的針趾邊緣
以立針縫縫合。

袋身
表布

裡袋身（正面）

⑥將口布表布以正面相對的方式，
疊放於袋身正面的袋口處，
並車縫完成線。

口布表布

⑧車縫口布兩端，
並以平針縫壓縫
兩道裝飾線。

3 組裝提把&完成

提把裡布　鋪棉

記號點　提把表布（背面）　記號點

①將表布與裡布正面相對，於裡布背面重疊
鋪棉，由記號點車縫至另一側記號點。

裡布

修剪返口處的
鋪棉

②沿著縫份修剪鋪棉。

裡布（正面）

③正面相對對摺後，由邊端車縫至邊端，
再翻回正面。

④於兩側進行壓縫，並車縫中央兩道。

車縫　提把
9.5　9.5
縫合
側邊　8　中央　口布　8
袋身

⑤於口布上重疊提把，將提把之外的
部分車縫固定。

⑥於前袋身中央的
口布組裝鈕釦。

15

作品 ◀ P.34　**胸花**（灰色・黑色）　corsage

完成尺寸　直徑約10cm

運用紙型（正面）　花瓣・底座

材料
木棉布（印花布）…110cm×25cm（花瓣・底布）
塑膠板…4cm×8cm（底座的中心）
安全別針…1個
尼龍縫線

作法
請依圖示製作布料背面
的樣子。
灰色&黑色作法皆同。

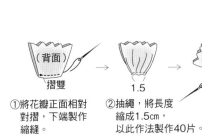

（背面）

摺雙

①將花瓣正面相對
對摺，下端製作
縮縫。

1.5

②抽繩，將長度
縮成1.5cm，
以此作法製作40片。

④沿著內側的圓，
從外側往內側
轉繞縫合固定。

4

7

③與花瓣相同，
將布料裁成直徑7cm，
並於中央描繪
直徑4cm的圓形。

⑤將全部40片的
花瓣縫合固定。

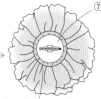

⑦於直徑3.5cm的
塑膠板中央組裝別針。
並於步驟⑥的中央
塗上接著劑。

⑥於直徑7cm的底布周圍進行縮縫。
中間放入直徑4cm的塑膠板後
拉緊縫線。

作品 ◄ P.28　**摩登包** modern

完成尺寸（不含提把）
　　寬約24cm　袋口寬約27cm
　　側身寬（底部）8cm

運用紙型（正面）　袋身

材料
　　木棉布（印花布）…90cm×30cm（袋身表布）
　　麻布（格紋）…60cm×125cm（袋身裡布・側
　　身表布・側身裡布・內口袋・布環）
　　布襯（薄）…28cm×70cm（袋身表布）
　　布襯（中厚）…120cm×8cm（側身裡布）
　　鈕釦…直徑4cm　1顆
　　尼龍縫線

作法
　　請依裁布圖裁剪各部位，並依步驟圖示完成
　　袋物。

裁布圖

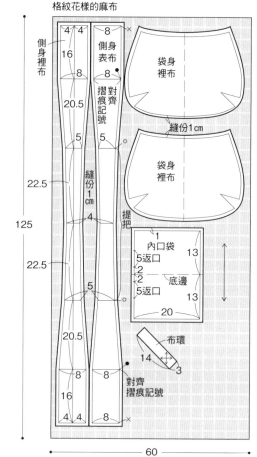

印花布A的木棉布

格紋花樣的麻布

1　製作內口袋

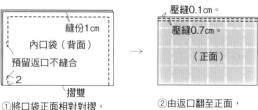

①將口袋正面相對對摺，
　縫合三邊並預留一返口。

②由返口翻至正面，
　將返口縫份摺入，
　並以平針縫縫合。

2　縫製袋身

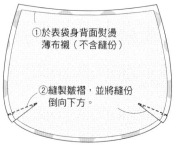

①於表袋身背面熨燙
　薄布襯（不含縫份）

②縫製皺褶，並將縫份
　倒向下方。

③另一片袋身表布作法亦同。

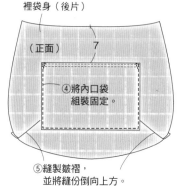

裡袋身（後片）

（正面）

④將內口袋
　組裝固定。

⑤縫製皺褶，
　並將縫份倒向上方。

⑥裡袋身（前片）也車縫皺褶，
　但不組裝口袋。

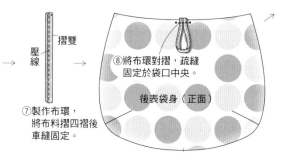

壓線

摺雙

⑦製作布環，
　將布料摺四摺後
　車縫固定。

⑧將布環對摺，疏縫
　固定於袋口中央。

後表袋身（正面）

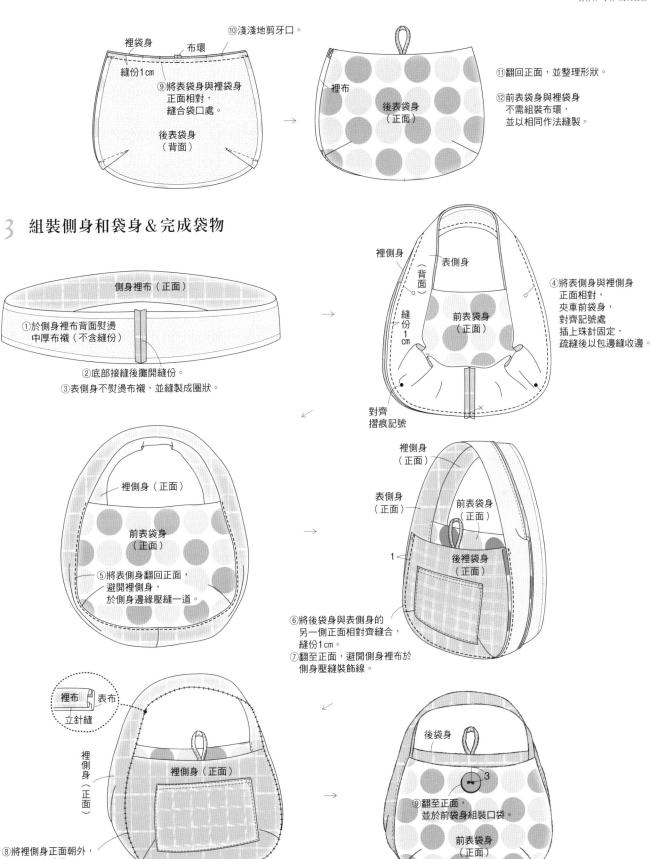

⑩淺淺地剪牙口。

裡袋身　布環

縫份1cm

⑨將表袋身與裡袋身
正面相對，
縫合袋口處。

後表袋身
（背面）

裡布

後表袋身
（正面）

⑪翻回正面，並整理形狀。

⑫前表袋身與裡袋身
不需組裝布環，
並以相同作法縫製。

3　組裝側身和袋身&完成袋物

側身裡布（正面）

①於側身裡布背面熨燙
中厚布襯（不含縫份）

②底部接縫後攤開縫份。

③表側身不熨燙布襯，並縫製成圈狀。

裡側身
（背面）

表側身

前表袋身
（正面）

縫份1cm

④將表側身與裡側身
正面相對，
夾車前袋身，
對齊記號處
插上珠針固定，
疏縫後以包邊縫收邊。

對齊
摺痕記號

裡側身（正面）

前表袋身
（正面）

⑤將表側身翻回正面，
避開裡側身，
於側身邊緣壓縫一道。

裡側身
（正面）

表側身
（正面）

前表袋身
（正面）

1

後裡袋身
（正面）

⑥將後袋身與表側身的
另一側正面相對齊縫合，
縫份1cm。

⑦翻至正面，避開側身裡布於
側身壓縫裝飾線。

裡布　表布

立針縫

裡側身
（正面）

裡側身（正面）

⑧將裡側身正面朝外，
與表側身重疊，
縫份朝內側摺入，縫合裡袋身。

後袋身

3

⑨翻至正面，
並於前袋身組裝口袋。

前表袋身
（正面）

作品 ◀ P.32　**筒狀包** tube

完成尺寸（不含提把）
　寬36cm　側身直徑16cm

運用紙型（正面）　側身・外口袋B

材料
　木棉布（印花布）A…110cm×60cm
　（袋身表布・袋底・外口袋A、B・
　側身表布・布環）
　木棉布（印花布）B…110cm×60cm
　（袋身裡布・內口袋・側身裡布・
　側身縫份用斜布條）
　布襯（薄）…4cm×36cm（底布）
　麻織帶（薄茶色）…3.8cm×82cm
　2條（提把）
　拉鍊…長35cm　1條
　尼龍縫線

作法
　請依裁布圖裁剪各部位，並依各步驟
　圖示完成袋物製作。

裁布圖

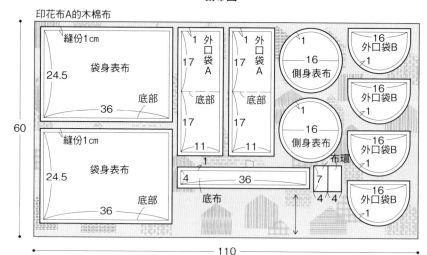

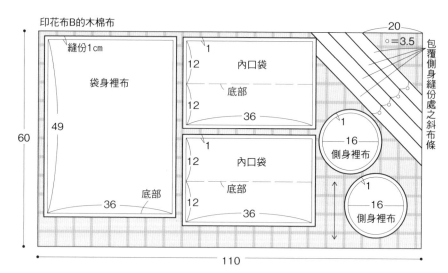

1　製作表袋身

①將外口袋A正面相對對摺，
　並縫合袋口處。

②翻至正面，壓縫一道，
　共完成兩片。

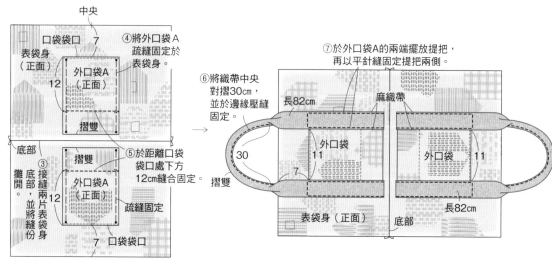

④將外口袋A
　疏縫固定於
　表袋身

⑤於距離口袋
　袋口處下方
　12cm縫合固定。

⑥將織帶中央
　對摺30cm，
　並於邊緣壓縫
　固定。

⑦於外口袋A的兩端擺放提把，
　再以平針縫固定提把兩側。

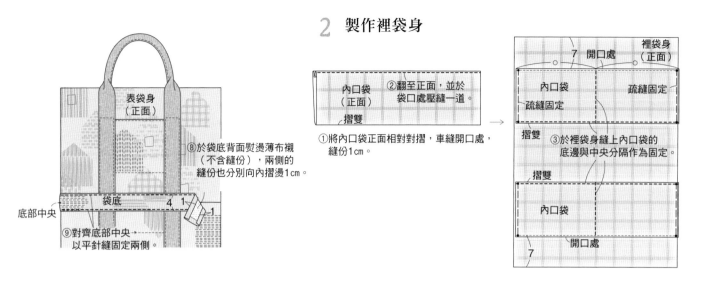

2 製作裡袋身

內口袋（正面）
摺雙

①將內口袋正面相對對摺，車縫開口處，縫份1cm。

②翻至正面，並於袋口處壓縫一道。

7 開口處　裡袋身（正面）

內口袋　疏縫固定
疏縫固定

摺雙

③於裡袋身縫上內口袋的底邊與中央分隔作為固定。

摺雙

內口袋

開口處
7

表袋身（正面）

⑧於袋底背面熨燙薄布襯（不含縫份），兩側的縫份也分別向內摺燙1cm。

袋底　4　1　1

底部中央

⑨對齊底部中央，以平針縫固定兩側。

3 組裝拉鍊＆側身，完成袋物

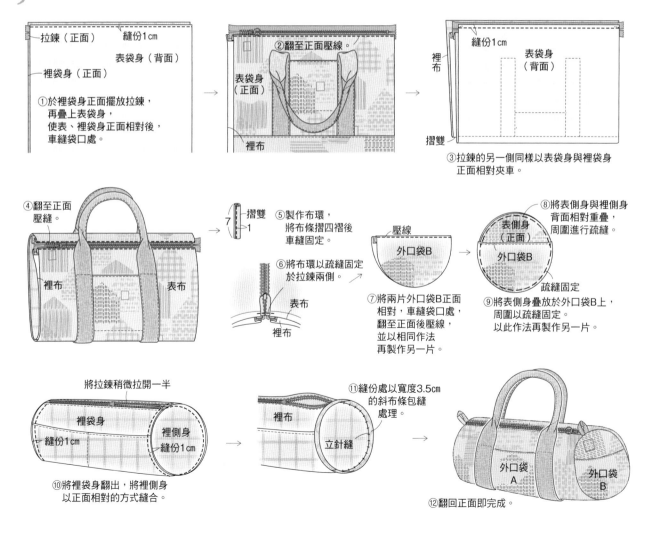

拉鍊（正面）　縫份1cm
表袋身（背面）
裡袋身（正面）

①於裡袋身正面擺放拉鍊，再疊上表袋身，使表、裡袋身正面相對後，車縫袋口處。

②翻至正面壓線。
表袋身（正面）
裡布

縫份1cm
裡布　表袋身（背面）
摺雙

③拉鍊的另一側同樣以表袋身與裡袋身正面相對夾車。

④翻至正面壓縫。
裡布　表布

7　摺雙　1

⑤製作布環，將布條摺四褶後車縫固定。

⑥將布環以疏縫固定於拉鍊兩側。
表布
裡布

壓線
外口袋B

⑦將兩片外口袋B正面相對，車縫袋口處，翻至正面後壓線，並以相同作法再製作另一片。

⑧將表側身與裡側身背面相對重疊，周圍進行疏縫。
表側身（正面）
外口袋B
疏縫固定

⑨將表側身放於外口袋B上，周圍以疏縫固定。以此作法再製作另一片。

將拉鍊稍微拉開一半
裡袋身
縫份1cm　裡側身　縫份1cm

⑩將裡袋身翻出，將裡側身以正面相對的方式縫合。

⑪縫份處以寬度3.5cm的斜布條包縫處理。
裡布
立針縫

外口袋A　外口袋B

⑫翻回正面即完成。

作品 ◀ P.36　**扁包**　flat

完成尺寸（不含提把）
　長24.5cm　寬約26cm

運用紙型（正面）
　前袋身・後袋身・內口袋

材料
木棉布（黑色）…110cm×50cm（前袋身A表布＆裡布・前袋身B裡布・後袋身表布＆裡布・內口袋・拉鍊擋布）

木棉布（印花布）…35cm×28cm（前袋身B表布）
布襯（中厚）…30cm×60cm（前袋身裡布・後袋身裡布）
塑膠拉鍊…長30cm　1條
提把用織帶（黑）…3.8cm×146cm
口型環…內徑 4cm×0.8cm　1個
調節環…內徑 4cm×1.6cm　1個
尼龍縫線

作法
請依裁布圖裁剪各部位，並依各步驟圖示完成袋物製作。

裁布圖

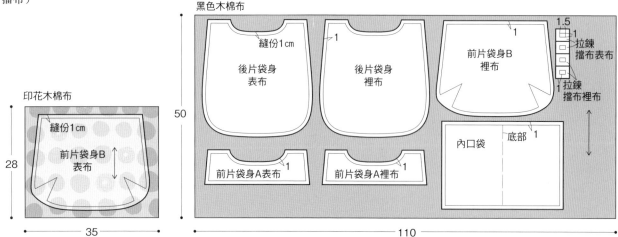

黑色木棉布
縫份1cm
後片袋身表布
後片袋身裡布
前片袋身B裡布
拉鍊擋布表布
拉鍊擋布裡布
1.5
前片袋身A表布
前片袋身A裡布
內口袋　底部
50
印花木棉布
縫份1cm
前片袋身B表布
28
35
110

1　於裡布的背面熨燙布襯

前袋身A裡布
中厚布襯
前片主體B裡布
後片袋身裡布

2　於後袋身裡布接縫內口袋

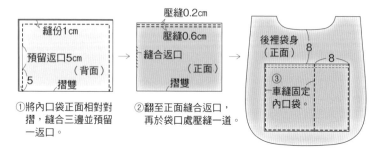

壓縫0.2cm
縫份1cm
預留返口5cm（背面）
摺雙
5
壓縫0.6cm
縫合返口（正面）
摺雙
後裡袋身（正面）
8
8
③車縫固定內口袋。

①將內口袋正面相對對摺，縫合三邊並預留一返口。
②翻至正面縫合返口，再於袋口處壓縫一道。

3　接縫前袋身A・B與拉鍊，即完成

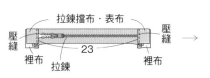

拉鍊擋布・表布
壓縫　壓縫
裡布　拉鍊　裡布
23

①將擋布接縫於拉鍊兩端，並修剪多餘拉鍊。（請見P.45）

前裡袋身B（背面）
②縫製皺褶，並將縫份倒向下方。

③前表袋身B也縫製皺褶，並將縫份倒向上方。

拉鍊（背面）
前袋身B
表布（正面）
縫份1cm
將拉鍊稍微拉開一半
裡布（背面）

④以前表袋身B與裡袋身夾車拉鍊縫合。

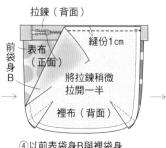

⑤將袋身B翻至正面，再壓縫一道。
裡布　表布（正面）

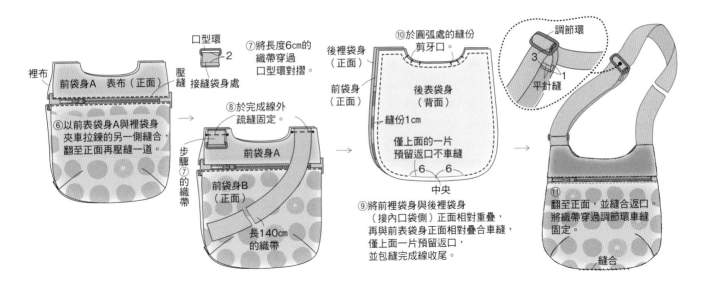

裡布
前袋身A　表布（正面）
壓縫
⑥以前表袋身A與裡袋身夾車拉鍊的另一側縫合，翻至正面再壓縫一道。

口型環
2
⑦將長度6cm的織帶穿過口型環對摺。
接縫袋身處

步驟⑦的織帶

⑧於完成線外疏縫固定。
前袋身A
前袋身B（正面）
長140cm的織帶

⑩於圓弧處的縫份剪牙口。
後裡袋身（正面）
前袋身（正面）
後表袋身（背面）
縫份1cm
僅上面的一片預留返口不車縫
6　6
中央
⑨將前裡袋身與後裡袋身（接內口袋側）正面相對重疊，再與前表袋身正面相對疊合車縫，僅上面一片預留返口，並包縫完成線收尾。

調節環
3
1
平針縫

⑪翻至正面，並縫合返口。將織帶穿過調節環車縫固定。
縫合

作品◀P.18　**棉花糖包** marshmallow

完成尺寸（不含提把）
　長約30cm　寬約24.5cm
　側身寬約17cm

運用紙型（正面）
　袋身・側身・內口袋

材料
木棉布（印花布）A…55cm×96cm
（袋身表布・側身表布）
木棉布（印花布）B…110cm×96cm
（袋身裡布・側身裡布・內口袋）
尼龍縫線

作法
請依裁布圖裁剪各部位，並依各步驟圖示完成袋物製作。

裁布圖

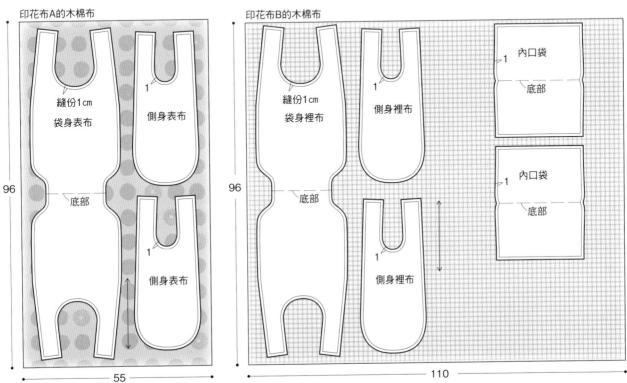

印花布A的木棉布

縫份1cm
袋身表布
側身表布
1
底部
側身表布
1

96
55

印花布B的木棉布

縫份1cm
袋身裡布
側身裡布
1
底部
側身裡布
1

內口袋
1
底部

內口袋
1
底部

96
110

1 製作袋身

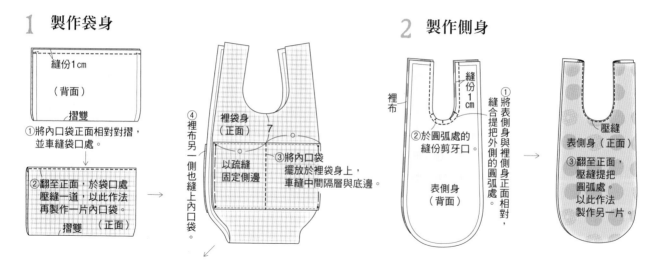

①將內口袋正面相對對摺，並車縫袋口處。

②翻至正面，於袋口處壓縫一道，以此作法再製作一片內口袋。

摺雙（正面）

④裡布另一側也縫上內口袋。

裡袋身（正面）7

以疏縫固定側邊

③將內口袋擺放於裡袋身上，車縫中間隔層與底邊。

2 製作側身

裡布

縫份1cm

①將表側身與裡側身正面相對，縫合提把外側的圓弧處。

②於圓弧處的縫份剪牙口。

表側身（背面）

壓縫

表側身（正面）

③翻至正面，壓縫提把圓弧處。以此作法製作另一片。

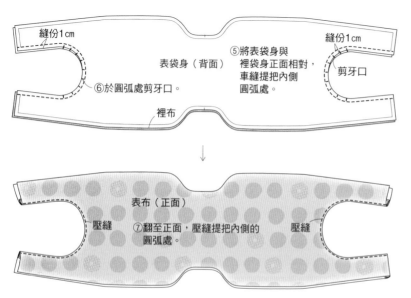

縫份1cm

縫份1cm

表袋身（背面）

⑤將表袋身與裡袋身正面相對，車縫提把內側圓弧處。

剪牙口

⑥於圓弧處剪牙口。

裡布

表布（正面）

⑦翻至正面，壓縫提把內側的圓弧處。

壓縫

壓縫

3 接縫袋身＆側身，並完成提袋

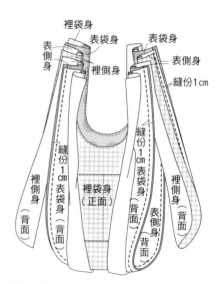

裡袋身

表袋身

表側身

表袋身

裡側身

縫份1cm

縫份1cm表袋身（背面）

裡側身（背面）

裡袋身（正面）

表側身（背面）

裡側身（背面）

①將表袋身與表側身正面相對，對齊記號點，並以珠針固定。避開裡布，於其他部分進行包縫。

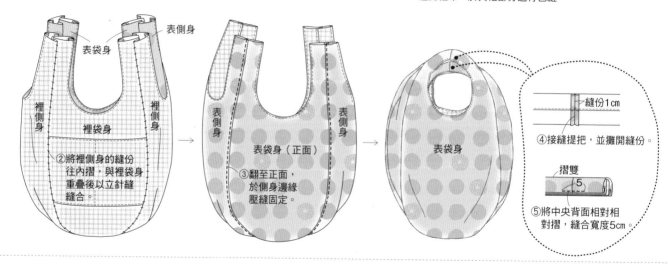

表側身

表袋身

裡側身

裡袋身

裡側身

②將裡側身的縫份往內摺，與裡袋身重疊後以立針縫縫合。

表側身

表側身

表袋身（正面）

③翻至正面，於側身邊緣壓縫固定。

表袋身

縫份1cm

④接縫提把，並攤開縫份。

摺雙

5

⑤將中央背面相對相對摺，縫合寬度5cm。

作品 ◀ P.34　**三角包** triangle

完成尺寸（不含提把）
　長41㎝　口袋袋口處寬約22㎝
　側身寬8㎝

材料
　木棉布（印花布）A…110㎝×80㎝
　（袋身前片·袋身後片·口袋表布
　·包縫磁釦用布）
　木棉布（印花布）B…50㎝×40㎝
　（口袋裡布·包縫磁釦用布）

木棉布（黑色）…3.5㎝×22㎝（斜布
條·口袋的袋口滾邊條）
布襯（薄布襯）…40㎝×45㎝
提把用織帶（黑色）…3.8㎝×24㎝
（提把）
磁釦（平面款）…直徑2㎝　1組
尼龍縫線

作法
　請依裁布圖裁剪各部位，並依各步驟圖
　示完成袋物製作。

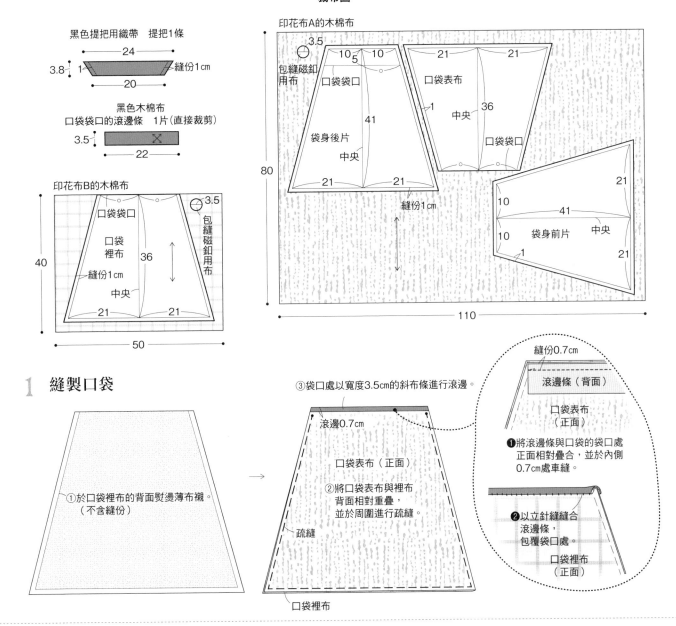

裁布圖

1　縫製口袋

2 組裝提把＆口袋，完成主體

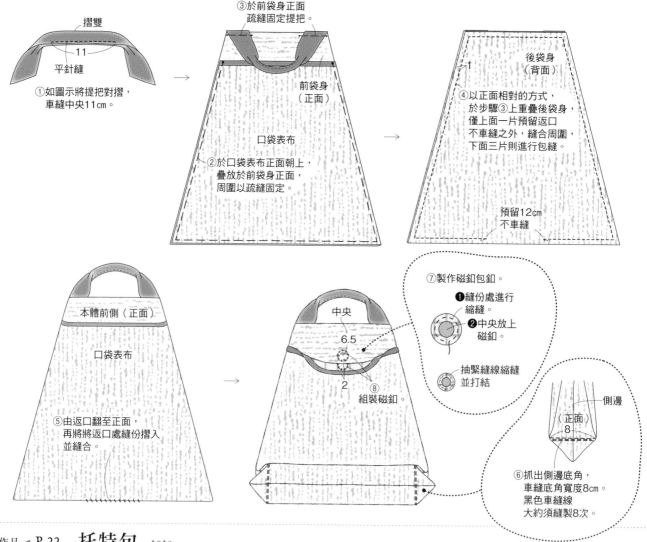

摺雙

11

平針縫

①如圖示將提把對摺，
車縫中央11cm。

③於前袋身正面
疏縫固定提把。

②於口袋表布正面朝上，
疊放於前袋身正面，
周圍以疏縫固定。

前袋身
（正面）

口袋表布

後袋身
（背面）

1

④以正面相對的方式，
於步驟③上重疊後袋身，
僅上面一片預留返口
不車縫之外，縫合周圍，
下面三片則進行包縫。

預留12cm
不車縫

本體前側（正面）

口袋表布

⑤由返口翻至正面，
再將將返口處縫份摺入
並縫合。

中央

6.5

2

⑧
組裝磁釦

⑦製作磁釦包釦。

❶縫份處進行
縮縫。

❷中央放上
磁釦。

抽緊縫線縮縫
並打結

側邊

（正面）

8

⑥抓出側邊底角，
車縫底角寬度8cm。
黑色車縫線
大約須縫製8次。

作品 ◄ P.22　托特包　tote

完成尺寸　＊（　）內為小包
（不含提把）
長32cm（25.5cm）　寬38cm（30.5cm）
側身寬12cm（9.5cm）
托特包材料
木棉布（印花布）…75cm×80cm
（60cm×65cm）（袋身表布·提把表布）
麻布（格紋）…110cm×80cm
（110cm×65cm）（袋身裡布·側身裡布·
內口袋）
布襯（薄）…28cm×20cm
（23cm×16cm）（內口袋）
布襯（中厚）…38cm×12cm
（31cm×10cm）（底部）
尼龍縫線

紅色胸花的材料
木棉布（紅色系印花布）…110cm×10cm
（花瓣·底布）
塑膠板…4cm×8cm
安全別針…1個

作法
請依裁布圖裁剪各部位，並依各
步驟圖示完成袋物製作。
小包與大包的作法相同，側身抓
0.1cm再以平針縫縫製。

紅色胸花的作法　完成尺寸　直徑14cm

②將印花布
裁剪成
0.8×10cm
共120條，
並對摺。

③
從外側往內側，
沿著圓圈接縫
布條。

直徑
4cm

直徑7cm

①將印花布裁成直徑7cm的圓，
內側描上直徑4cm的圓（底布）。

（背面）

④看背面邊將步驟①的
布片周圍進行縮縫，
於內側放入直徑4cm的
塑膠板並抽緊縫線。

⑥於步驟④上
以接著劑貼上步驟⑤。

⑤將塑膠板裁剪成
直徑3.5cm的圓，
於中央貼上別針。

裁布圖

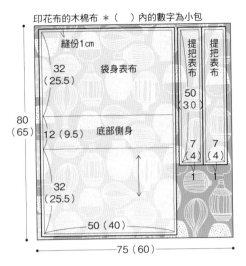

印花布的木棉布 ＊（　）內的數字為小包

縫份1cm
32（25.5）　袋身表布
80（65）
12（9.5）　底部側身
32（25.5）
50（40）
75（60）

提把表布
50（30）
7（4）　7（4）
1　1

格紋的麻布 ＊（　）內的數字為小包

縫份1cm
32（25.5）　袋身裡布
5
12返口
80（65）
12（9.5）　底部側身
32（25.5）
50（40）
110

提把裡布
50（30）
7（4）　7（4）
1　1

內口袋
1
20（16）
6返口
3
底部
20（16）
28（22.5）

1　將袋身表布縫製成表袋身

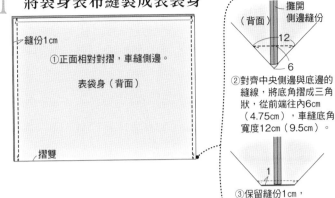

縫份1cm
①正面相對對摺，車縫側邊。
表袋身（背面）
摺雙

攤開側邊縫份
（背面）　12　6
②對齊中央側邊與底邊的縫線，將底角摺成三角狀，從前端往內6cm（4.75cm），車縫底角寬度12cm（9.5cm）。
1
③保留縫份1cm，並修剪多餘布料。

2　將袋身裡布縫製成裡袋身

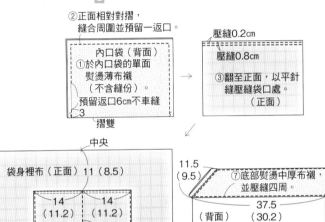

②正面相對對摺，縫合周圍並預留一返口。
內口袋（背面）
①於內口袋的單面熨燙薄布襯（不含縫份）。預留返口6cm不車縫
3　摺雙
壓縫0.2cm
壓縫0.8cm
③翻至正面，以平針縫壓縫袋口處。（正面）

中央
袋身裡布（正面）11（8.5）
14（11.2）　14（11.2）
④疊放於裡布正面，並車縫中間隔層與三邊。
⑤將裡布正面相對對摺，縫合側邊並預留一返口。

11.5（9.5）
⑦底部熨燙中厚布襯，並壓縫四周。
（背面）
37.5（30.2）
⑥底角作法與表袋身相同。

3　組裝提把＆完成提袋

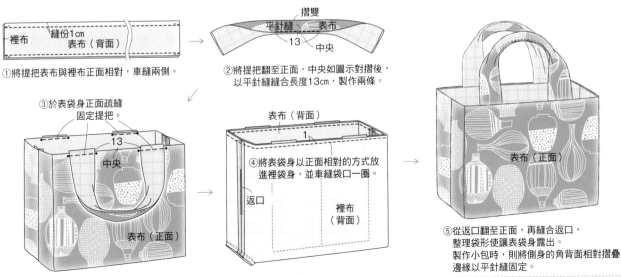

裡布　縫份1cm　表布（背面）
①將提把表布與裡布正面相對，車縫兩側。

摺雙
平針縫　表布
13　中央
②將提把翻至正面，中央如圖示對摺後，以平針縫縫合長度13cm，製作兩條。

③於表袋身正面疏縫固定提把。
13　中央
表布（正面）

表布（背面）
1
④將表袋身以正面相對的方式放進裡袋身，並車縫袋口一圈。
返口
裡布（背面）

表布（正面）
⑤從返口翻至正面，再縫合返口，整理袋形使讓表袋身露出。製作小包時，則將側身的角背面相對摺疊邊緣以平針縫固定。

作品 ◄ P.38 **環保包** ecology

完成尺寸 *（　）內為小包
（不含提把）
長40.5cm（32.5cm）
寬42cm（33.5cm）

運用紙型（正面） 袋身

材料
木棉布（格紋印花）…110cm×65cm
（袋身‧提把）
尼龍縫線

作法
請依裁布圖裁剪袋身與提把，再依圖
示縫製袋身，製作並組裝提把。小
包作法亦同。

裁布圖

（格紋印花）的木棉布　　　（　）內的數字為小包（提把的長度共用）

4.5　　　　　　　4.5

袋身　　　　　　袋身

65　　　縫份1.5cm　　　縫份1.5cm

提把　　提把　1
60
縫份1cm
5　5
（4）（4）

110

1 縫製袋身

袋身（正面）
0.5
①將兩片袋身背面相對縫合，
縫份0.5cm。

袋身（背面）
1
②將袋身翻製背面，
車縫完成線。

1　　3.5
壓縫0.2cm
（背面）
將縫份倒向同一側
③將袋口處三褶邊後縫合。

2 組裝提把&完成

1　（背面）
①將兩片提把布正面相對縫合，縫份1cm。

壓縫0.2cm　（正面）
②翻至正面，壓縫兩側。

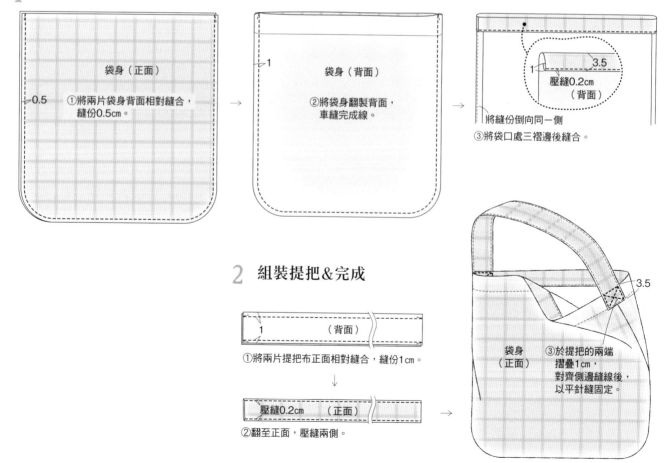

3.5

袋身
（正面）

③於提把的兩端
摺疊1cm，
對齊側邊縫線後，
以平針縫固定。

作品 ◄ P.39 **波奇包** pouch

完成尺寸
長約14.5cm　袋口寬約12.5cm

運用紙型（正面）　袋身

材料
木棉布（印花布）A…45cm×20cm
（袋身表布）
木棉布（印花布）B…45cm×20cm
（袋身裡布）
拉鍊…長度12cm　1條
尼龍縫線

作法
請依裁布圖裁剪各部位，並依各步驟
圖示完成袋物製作。

裁布圖

印花布A的木棉布（表布）　印花布B的木棉布（裡布）

袋身　縫份1cm　袋身
20
1
45

1　於袋口處組裝拉鍊

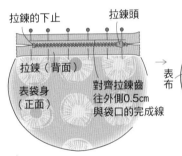

①將拉鍊以正面相對的方式，
　疊放於表袋身的袋口處，
　並以珠針固定。

②將裡袋身以正面相對的方式，
　疊放於步驟①的表袋身上，
　車縫完成線。

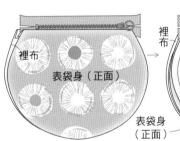

③翻至正面，以熨斗整燙。

④以表袋身與裡袋身
　夾車拉鍊的另一側。

2　完成

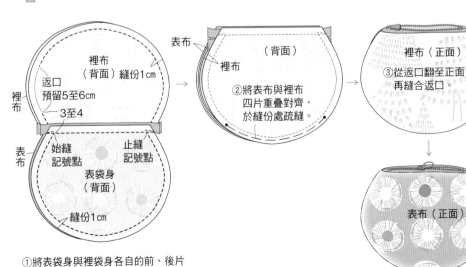

①將表袋身與裡袋身各自的前、後片
　正面相對重疊，由始縫記號點車縫
　至止縫記號點。

②將表布與裡布
　四片重疊對齊，
　於縫份處疏縫。

③從返口翻至正面，
　再縫合返口。

④翻回正面整燙。

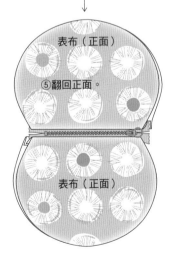

⑤翻回正面。

作品◀P.30　**迷你包** mini

完成尺寸（不含提把）
　長18cm　寬18cm　側身寬10cm

材料
　木棉布（印花布）A…35cm×50cm
　（袋身表布）
　木棉布（印花布）B…55cm×50cm
　（袋身裡布·袋底布）
　木棉布（印花布）C…10cm×7.5cm
　（拉鍊前端裝飾布）
　布襯（薄）…46cm×28cm
　（裡布）
　布襯（中厚）…10cm×18cm（袋底
　布）
　塑膠拉鍊…長度30cm　1條
　皮革提把（淺色）…1組
　ㄇ型口金…18cm×5cm　1組
　尼龍縫線

作法
　請依裁布圖裁剪各部位，並依各步驟圖
　示完成袋物製作。

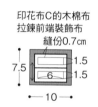
印花布C的木棉布
拉鍊前端裝飾布
縫份0.7cm
7.5
6
1.5
1.5
10

裁布圖

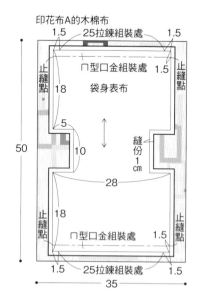
印花布A的木棉布
1.5　25拉鍊組裝處　1.5
止縫點　ㄇ型口金組裝處　1.5　止縫點
18　袋身表布
5
50　10
縫份1cm
18　ㄇ型口金組裝處　1.5
止縫點　28　止縫點
1.5　25拉鍊組裝處　1.5
35

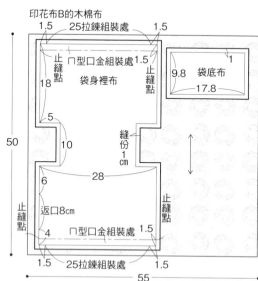
印花布B的木棉布
1.5　25拉鍊組裝處　1.5
止縫點　ㄇ型口金組裝處　1.5　9.8　袋底布
18　袋身裡布　17.8
5
50　10
縫份1cm
6　28
返口8cm　止縫點
止縫點　4　ㄇ型口金組裝處　1.5
1.5　25拉鍊組裝處　1.5
55

1 製作袋身

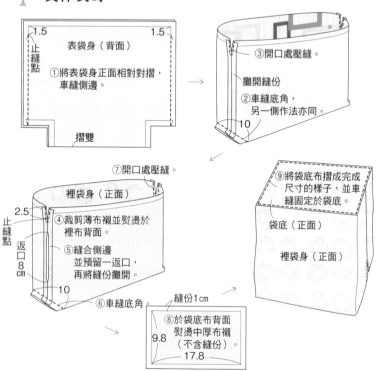
1.5　表袋身（背面）　1.5
止縫點
①將表袋身正面相對對摺，車縫側邊。
摺雙
③開口處壓縫。
攤開縫份
②車縫底角，另一側作法亦同。
10
⑦開口處壓縫。
裡袋身（正面）
2.5
止縫點
返口8cm
④裁剪薄布襯並熨燙於裡布背面。
⑤縫合側邊並預留一返口，再將縫份攤開。
10
⑥車縫底角
縫份1cm
⑧於袋底布背面熨燙中厚布襯（不含縫份）。
9.8　17.8
⑨將袋底布摺成完成尺寸的樣子，並車縫固定於袋底。
袋底（正面）
裡袋身（正面）

2 組裝拉鍊

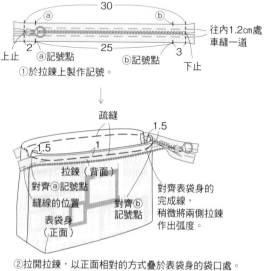
30
ⓐ　ⓑ
往內1.2cm處車縫一道
上止　2　25　3
ⓐ記號點　ⓑ記號點
下止
①於拉鍊上製作記號。
疏縫
1.5
1.5　1
拉鍊（背面）
對齊ⓐ記號點
縫線的位置
表袋身（正面）
對齊ⓑ記號點
對齊表袋身的完成線，稍微將兩側拉鍊作出弧度。
②拉開拉鍊，以正面相對的方式疊於表袋身的袋口處。
　將拉鍊的ⓐ和ⓑ的記號點對齊距離表布側邊內側的1.5cm處，
　再以珠針固定。接著對齊縫線與表布的完成線進行疏縫，
　拉鍊兩端需作出弧度縫合。

3　處理拉鍊前端

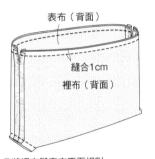

③將裡布與表布正面相對，
夾入拉鍊重疊，並車縫袋口處。
此時需注意拉鍊的前、後端不車縫。

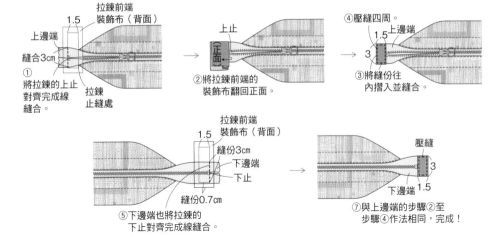

拉鍊前端
裝飾布（背面）
1.5
上邊端
縫合3cm
①
將拉鍊的上止
對齊完成線
縫合。
拉鍊
止縫處

上止
正面
②將拉鍊前端的
裝飾布翻回正面。

④壓縫四周
上邊端
1.5
3
③將縫份往
內摺入並縫合

拉鍊前端
裝飾布（背面）
1.5
縫份3cm
下邊端
下止
縫份0.7cm
⑤下邊端也將拉鍊的
下止對齊完成線縫合。

壓縫
3
下邊端
1.5
⑦與上邊端的步驟②至
步驟④作法相同，完成！

縫份1.5cm
表布（正面）

④翻回正面，並將縫合返口，
由表面於袋口處進行壓縫。

4　完成

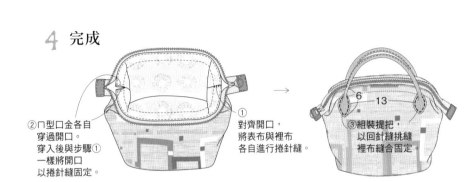

②∩型口金各自
穿過開口。
穿入後與步驟①
一樣將開口
以捲針縫固定。

①
對齊開口，
將表布與裡布
各自進行捲針縫。

6　　13
③組裝提把，
以回針縫挑縫
裡布縫合固定。

作品◀P.34　**筆袋** pencil case

完成尺寸　袋口寬16.3cm

運用紙型（正面）　袋身・側身

材料
木棉布（印花布）A…30cm×20cm
（袋身表布・側身表布）
木棉布（印花布）B…30cm×20cm
（袋身裡布・側身裡布）
布襯（中厚）…15cm×16cm
口金…銀色方型…16.5cm×3.5cm　1個
紙繩…25cm　1條
尼龍縫線

作法
請依裁布圖裁剪各部位，袋身裡布的
背面熨燙布襯。再依各圖示完成筆袋。

裁布圖
印花布A的木棉布（袋身表布・側身表布）
印花布B的木棉布（袋身裡布・側身裡布）

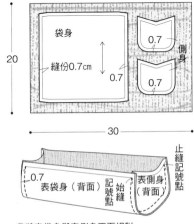

袋身
縫份0.7cm
側身
0.7
0.7
20
30

①將表袋身與表側身正面相對，
由始縫記號點縫製止縫記號點。

0.7
表袋身（背面）
記號點
始縫記號點
止縫記號點
表側身（背面）

②於裡袋身的背面熨燙布襯（不含縫份），
與步驟①相同，接縫裡側身。

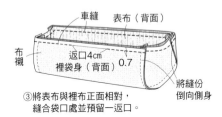

車縫　表布（背面）
布襯
返口4cm
裡袋身（背面）　0.7
將縫份
倒向側身

③將表布與裡布正面相對，
縫合袋口處並預留一返口。

捲針縫　10～12
裡布（正面）　紙繩

④從返口翻回正面，並縫合返口。
於裡袋身的袋口處中央放置紙繩10cm至12cm，
以捲針縫疏縫固定。
另一側的袋口處作法亦同。

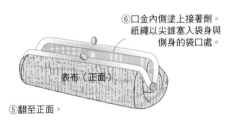

表布（正面）

⑤翻至正面。

⑥口金內側塗上接著劑。
紙繩以尖錐塞入袋身與
側身的袋口處。

斉藤謠子 Yoko Saito

拼布作家＆布作家。學習洋裁與和裁之後，由於對美國
的古董拼布產生興趣而開始製作拼布，由NHK「すてき
にハンドメイド」開始，於電視和雜誌等平台發表多項
作品，擔任學校和通信講座的教師，也於海外舉行作品
展與研習會，擁有相當高的人氣。
著有《斉藤謠子の北歐風拼布包：簡單時尚×雜貨風人
氣手作布包Type.25》
《斉藤謠子のLOVE拼布旅行：最愛北歐！夢之風景×自
然系雜貨風的職人愛藏拼布‧27》（皆為NHK出版）及
其他多本著作，部分繁體中文版由雅書堂文化出版。

作品製作人員　山田数子‧吉田睦美
書本設計　竹盛若菜
攝　　影　回里純子（作品）‧下瀨成美（作法）
造　　型　南雲久美子
髮型＆化妝　安達知江
模 特 兒　hiromi
作法解說　百目鬼尚子（服裝）‧奧田千香美（包包）
製　　圖　tinyeggs studio（大森裕美子）
紙型製圖　株式會社ウエイド
Grading　株式會社トワル
編　　輯　小沼知子（NHK出版）

PATCHWORK 拼布美學 22

斉藤謠子の　簡約私著手作服&每日布包
YOKO SAITO　Casual Wear & Bags

作　　者／斉藤謠子
譯　　者／莊琇雲
發 行 人／詹慶和
總 編 輯／蔡麗玲
執行編輯／黃璟安
特約編輯／李盈儀
編　　輯／蔡毓玲‧劉蕙寧‧陳姿伶‧白宜平‧李佳穎
執行美編／翟秀美
美術編輯／陳麗娜‧周盈汝‧韓欣恬
內頁排版／翟秀美‧造極
出 版 者／雅書堂文化事業有限公司
發 行 者／雅書堂文化事業有限公司
郵政劃撥帳號／18225950
戶　　名／雅書堂文化事業有限公司
地　　址／新北市板橋區板新路206號3樓
電　　話／(02)8952-4078
傳　　真／(02)8952-4084
網　　址／www.elegantbooks.com.tw
電子信箱／elegant.books@msa.hinet.net

總經銷／朝日文化事業有限公司
進退貨地址／新北市中和區橋安街15巷1號7樓
電話／（02）2249-7714
傳真／（02）2249-8715

2015年10月初版一刷　定價480元

SAITO YOKO NO MAINICHI KIRU FUKU,MAINICHI MOTSU NUNO BAG by Yoko Saito
Copyright © 2015,Yoko Saito
All rights reserved.
Original Japanese edition published in Japan by NHK Publishing,Inc.

This Traditional Chinese translation rights arranged with NHK Publishing,Inc.Tokyo
in care of Tuttle-Mori Agency, Inc., Tokyo through Keio Cultural Enterprise Co.,
Ltd.,New Taipei.
Traditional Chinese edition copyright © 2015 by Elegant Books Cultural
Enterprise Co., Ltd.

國家圖書館出版品預行編目(CIP)資料

斉藤謠子の簡約私著手作服&每日布包 / 斉藤謠子著；
莊琇雲譯. -- 初版. -- 新北市：雅書堂文化, 2015.10
　面；　公分. -- (拼布美學；22)
ISBN 978-986-302-268-8(平裝)

1.縫紉 2.衣飾 3.手工藝
426.3　　　　　　　　　104015263

one-piece

one-piece